BIM 建设项目
全过程造价管理实训

主　编　王　锦　卢春燕　李惠君
副主编　张　尧　陈美榴　杨蓓蓓　徐永泽

本书配套数字化资源

东南大学出版社
SOUTHEAST UNIVERSITY PRESS
·南京·

内容提要

本书共六个模块,从 BIM 与建设工程造价管理的基本概念出发,逐步深入讲解了基于 BIM 技术的设计、招投标、施工、结算及审核五个阶段的造价管理,通过具体任务引导学生完成从理论到实践的跨越,旨在使学生全面掌握 BIM 技术在建设工程造价管理中的应用,特别是基于广联达云计价平台 GCCP6.0 的操作与实践。模块一讲解了 BIM 与建设工程造价管理的基本概念;模块二讲解了概算编制的理论知识以及广联达云计价平台 GCCP6.0 的特点与流程,并通过具体的操作实例,让学生掌握概算编制技能;模块三通过模拟真实场景,指导学生完成招标工程量清单与投标报价的编制;模块四重点介绍了进度计量的概念、流程及重要性,通过实际任务让学生编制进度计量文件,提升其现场管理能力;模块五详细阐述了结算的基础知识,结合广联达云计价平台 GCCP6.0 的特点,指导学生完成合同内外造价调整、结算清单编制及造价分析,确保结算准确无误;模块六介绍了工程结算审计流程,旨在培养学生的审计思维和能力。全书通过丰富的实例与任务,使学生将理论与实践相结合,全面掌握 BIM 全过程造价管理的精髓,为学生的未来职业生涯提供有力支持。

本书可作为高等学校工程造价、工程管理、城市轨道交通、市政工程专业等造价相关课程的教学用书,也可供工程技术人员参考学习。

图书在版编目(CIP)数据

BIM 建设项目全过程造价管理实训 / 王锦,卢春燕,李惠君主编. -- 南京:东南大学出版社,2025.3.
ISBN 978-7-5766-1975-1

Ⅰ. TU723.3-39

中国国家版本馆 CIP 数据核字第 2025F4H697 号

策划编辑:邹 垒　　责任编辑:赵莉娜　　责任校对:子雪莲
封面设计:王 玥　　责任印制:周荣虎

BIM 建设项目全过程造价管理实训
BIM JIANSHE XIANGMU QUANGUOCHENG ZAOJIA GUANLI SHIXUN

主　　编	王　锦　卢春燕　李惠君
出版发行	东南大学出版社
出 版 人	白云飞
社　　址	南京市四牌楼 2 号　邮编:210096　电话:025-83793330
网　　址	http://www.seupress.com
经　　销	全国各地新华书店
排　　版	南京布克文化发展有限公司
印　　刷	南京迅驰彩色印刷有限公司
开　　本	787 mm×1 092 mm　1/16
印　　张	12.75
字　　数	295 千
版 印 次	2025 年 3 月第 1 版第 1 次印刷
书　　号	ISBN 978-7-5766-1975-1
定　　价	48.00 元

本社图书如有印装质量问题,请直接与营销部联系(电话:025-83791830)

前言
Preface

在数字时代背景下,数字化转型已成为各行各业不可逆转的趋势,建筑业亦不例外。随着大数据、云计算、物联网、人工智能等技术的不断成熟与融合,建筑业的数字化转型也在逐步深化,其中,建筑信息模型(Buiding Information Modeling,BIM)技术的广泛应用成为推动这一进程的关键力量。BIM技术以其强大的信息集成能力、可视化展示优势及全生命周期管理特性,为建设项目造价管理带来了前所未有的变革,使得造价管理更加高效、精准、智能。

本书视角新颖、内容丰富,主要有以下几个特点:

一、新形态教材,联动数字化造价

配套视频通过直观的画面、生动的讲解和实际操作演示,将复杂的造价管理理论、技术方法和实际操作流程以更加直观、易于理解的方式呈现给学生。这种视听结合的学习方式,不仅能够激发学生的学习兴趣,还能帮助他们更快地掌握知识点,加深他们对造价管理全过程的理解和记忆。

二、实操演示,强化技能掌握

本书在内容和视频中的实操演示环节是教材的一大亮点。通过视频,学生可以清晰地看到造价管理软件的操作界面、工程量清单的编制过程、合同管理的关键环节等,仿佛置身于真实的工作场景中。这种"手把手"的教学模式,让学生能够在观看视频的同时,跟随操作步骤进行练习,从而更快地掌握造价管理的核心技能,提高实际操作能力。

三、项目式贯通案例,增强解决问题的能力

本书包含大量实际案例的解析,这些案例涵盖了建设项目全过程中可能遇到的各种造价管理问题。通过视频讲解,学生可以深入了解案例的背景、问题产生的原因、解决方案的制订及实施效果等,从而学会如何运用所学知识分析和解决实际问题。这种案例教学的方式,有助于培养学生的批判性思维、创新思维和解决问题的能力。

四、课程思政多维渗透,培育德才兼备的造价人才

本教材在传授建设项目全过程造价管理专业知识与技能的同时,多维渗透课程思政元素,将职业道德、社会责任感、诚信意识等价值观贯穿于整个教学过程中,引导学生树立正确的职业观、价值观,培养学生的职业道德情操和社会责任感。这种德育与智育并重的教学理念,旨在培养出一批既具备扎实专业技能,又拥有高尚品德的造价管理人才,为社会的可持续发展贡献力量。

本书赠送大量的配套视频资源和课前、课中、课后所需要的数字化资料,学生可以通过扫描二维码下载使用。本书在编写过程中得到了广州城建职业学院广大师生的支持和帮助,在此感谢广州城建职业学院工程造价专业学生和课程组老师提出的诸多宝贵意见。本书的模块一由卢春燕编写,模块二由张尧编写并录制配套视频,模块三由王锦编写并录制配套视频,模块四由陈美榴编写并录制配套视频,模块五由徐永泽编写并录制配套视频,模块六由杨蓓蓓编写并录制配套视频。全书由王锦统稿和定稿,华联世纪工程咨询股份有限公司李惠君提供案例并进行审核;广州城建职业学院张红霞、广东信仕德建设项目管理有限公司刘明群、江河创建集团股份有限公司苏向阳也参与了本书设计与研讨,协助本书配套数字化教学资源的制作。广联达科技股份有限公司提供了软件技术支持。在此表示衷心的感谢!

由于编者水平有限,加上编写时间仓促,书中可能存在不足和疏漏之处,敬请广大读者批评指正,我们将竭诚改正。

王锦

2024 年 9 月

目录
Contents

模块一 BIM 与建设工程造价管理概述

任务 1.1 BIM 与建设项目全过程造价管理 ·········· 003
  1.1.1 BIM 在建设项目全过程造价管理中的应用 ·········· 003
  1.1.2 基于 BIM 技术的广联达云计价平台 GCCP6.0 ·········· 004

模块二 BIM 在设计阶段的造价管理

任务 2.1 设计概算的基础理论知识 ·········· 008
  2.1.1 设计概算的概念及作用 ·········· 008
  2.1.2 设计概算的编制内容 ·········· 009
  2.1.3 设计概算的编制方法 ·········· 011
  2.1.4 设计概算的审查 ·········· 013
  2.1.5 设计概算的调整 ·········· 015

任务 2.2 广联达云计价平台 GCCP6.0 编制概算的特点和流程 ·········· 017
  2.2.1 广联达云计价平台 GCCP6.0 编制概算的特点 ·········· 017
  2.2.2 广联达云计价平台 GCCP6.0 编制概算的流程 ·········· 018

任务 2.3 项目概算编制 ·········· 020
  2.3.1 新建建设项目概算项目 ·········· 020
  2.3.2 确定单位工程的概算建筑安装工程费 ·········· 023
  2.3.3 确定建设项目的设备购置费 ·········· 041
  2.3.4 确定建设项目的二类费用 ·········· 044

2.3.5　确定建设项目的三类费用并汇总建设项目概算总投资 …………………… 047
2.3.6　预览和输出概算报表 …………………………………………………… 049

模块三　BIM 在招投标阶段的造价管理

任务 3.1　招标工程量清单编制 …………………………………………………… 055
 3.1.1　新建招标项目 ………………………………………………………… 055
 3.1.2　编制分部分项工程量清单 …………………………………………… 057
 3.1.3　编制措施项目工程量清单 …………………………………………… 062
 3.1.4　编制其他项目工程量清单 …………………………………………… 065
 3.1.5　生成电子招标文件 …………………………………………………… 066

任务 3.2　投标报价编制 ……………………………………………………………… 067
 3.2.1　导入电子招标文件 …………………………………………………… 067
 3.2.2　编制分部分项工程费用 ……………………………………………… 069
 3.2.3　编制措施项目工程费用 ……………………………………………… 087
 3.2.4　编制其他项目工程费用 ……………………………………………… 091
 3.2.5　调整人材机市场价 …………………………………………………… 095
 3.2.6　生成投标报价 ………………………………………………………… 099

模块四　BIM 在施工阶段的造价管理

任务 4.1　进度计量概述 ……………………………………………………………… 105
 4.1.1　进度计量的定义与目的 ……………………………………………… 105
 4.1.2　进度计量的主要内容与流程 ………………………………………… 106
 4.1.3　进度计量的重要性 …………………………………………………… 106

任务 4.2　进度计量文件编制 ……………………………………………………… 107
 4.2.1　新建进度计量文件 …………………………………………………… 107
 4.2.2　设置施工分期和修改施工起至时间 ………………………………… 109
 4.2.3　上报第 1 期分部分项工程量 ………………………………………… 110
 4.2.4　上报第 1 期措施项目工程量 ………………………………………… 111
 4.2.5　上报第 1 期其他项目工程量 ………………………………………… 112
 4.2.6　汇总第 1 期费用 ……………………………………………………… 114
 4.2.7　查看第 1 期造价分析 ………………………………………………… 114

4.2.8	上报第2期分部分项工程量	115
4.2.9	上报第2期措施项目工程量	117
4.2.10	上报第2期其他项目工程量	118
4.2.11	汇总第2期费用	119
4.2.12	查看第2期造价分析	119
4.2.13	上报第3期分部分项工程量	120
4.2.14	上报第3期措施项目工程量	121
4.2.15	上报第3期其他项目工程量	122
4.2.16	汇总第3期费用	123
4.2.17	查看第3期造价分析	124
4.2.18	上报第4期分部分项工程量	124
4.2.19	上报第4期措施项目工程量	125
4.2.20	上报第4期其他项目工程量	126
4.2.21	汇总第4期费用	127
4.2.22	查看第4期造价分析	127
4.2.23	人材机调差	128
4.2.24	查看累计数据和红色预警问题	132
4.2.25	修改合同清单	134
4.2.26	进度报量，输出报表	135

模块五　BIM 在结算阶段的造价管理

任务 5.1　工程结算的基础知识 ······ 139
　5.1.1　工程结算概述 ······ 139
　5.1.2　工程结算计价的工作内容 ······ 141
任务 5.2　编制结算计价的特点和流程 ······ 143
任务 5.3　结算清单编制 ······ 145
　5.3.1　调整合同内造价 ······ 145
　5.3.2　新建结算计价文件 ······ 149
　5.3.3　编制合同外造价 ······ 149
　5.3.4　查看造价分析 ······ 155

模块六　BIM 在审核阶段的造价管理

任务 6.1　工程结算审计的基础知识 ·· 159
 6.1.1　建设项目工程造价审计概述 ··· 159
 6.1.2　建设项目竣工结算审计的流程 ·· 160
 6.1.3　建设项目竣工结算审计的主要内容 ··· 160
 6.1.4　建设项目竣工结算审计的主要方法 ··· 163

任务 6.2　结算审核编制 ··· 164
 6.2.1　新建结算审核计价文件 ·· 164
 6.2.2　编制结算审核 ·· 171
 6.2.3　导出报表 ·· 190
 6.2.4　导出分析报告 ·· 192
 6.2.5　审定转结算文件 ·· 195

参考文献 ··· 196

模块一

BIM 与建设工程造价管理概述

任务 1.1

BIM 与建设项目全过程造价管理

1.1.1 BIM 在建设项目全过程造价管理中的应用

BIM(Building Information Modeling，建筑信息模型)技术在建设工程全过程造价管理中的应用，极大地提升了造价管理的效率、准确性和科学性。BIM 技术在建设工程全过程造价管理中的具体应用如下：

1. 设计阶段

(1) 成本预测与估算

BIM 技术通过构建建筑信息模型，能够直观展示建筑项目的三维形态，帮助造价人员更准确地预测和估算项目成本。利用 BIM 技术中的构件和材料信息，可以自动生成工程量清单，减少人工计算错误，提高估算精度。

(2) 设计优化

通过 BIM 技术进行多方案比选，可以评估不同设计方案对造价的影响，从而选择最优设计方案。使用 BIM 技术还能发现设计中的不合理构件和缺失构件，便于及时修改和优化，降低后期变更成本。

(3) 碰撞检测

在设计阶段，使用 BIM 技术可以进行各专业之间的碰撞检测，提前发现并解决设计冲突，减少施工阶段的返工，降低变更成本。

2. 招投标阶段

(1) 工程量清单编制

基于 BIM 技术，可以自动生成详细的工程量清单，为招投标提供准确依据。清单中的每一项工程量都与 BIM 技术中的构件相关联，能够确保数据的准确性和可追溯性。

(2) 投标报价

投标单位可以利用 BIM 技术进行快速报价，提高报价效率。通过 BIM 技术，投标单位可以深入了解项目情况，制定更合理的报价策略。

3. 施工阶段

(1) 成本控制

通过BIM技术可以实时监控施工进度和成本消耗情况,与预算进行对比分析,及时发现成本偏差并采取措施纠正。通过BIM技术,可以模拟不同施工方案对成本的影响,有助于选择最优施工方案。

(2) 变更管理

施工过程中的变更可以通过BIM技术进行快速响应和调整,减少变更对造价的影响。BIM模型中的变更信息可以自动更新到相关文档中,确保信息的准确性和一致性。

(3) 材料管理

利用BIM技术进行材料采购和库存管理,可以精确计算材料需求量和采购时间,减少材料浪费和库存积压。

4. 竣工结算阶段

(1) 工程量复核

在竣工阶段,可以利用BIM技术对实际完成的工程量进行复核,确保结算数据的准确性。通过与BIM模型中的数据进行对比,可以及时发现并纠正结算中的错误和遗漏。

(2) 造价分析

利用BIM技术进行造价分析,可以评估项目的经济效益和成本控制效果。分析结果可以为后续项目的造价管理提供经验和参考。

综上所述,BIM技术在建设工程全过程造价管理中的应用,不仅提高了造价管理的效率和准确性,还促进了设计、施工、管理等各环节的协同工作,为工程项目的顺利实施和成本控制提供了有力支持。

1.1.2 基于BIM技术的广联达云计价平台GCCP6.0

广联达云计价平台GCCP6.0(简称"GCCP6.0软件")是BIM技术在工程造价领域应用的一个重要工具和平台。它通过与BIM技术的协同作用,实现了数据的互通和共享,提高了工程造价工作的信息化水平和智能化程度。在未来的发展中,随着BIM技术的不断普及和应用深入,GCCP6.0等软件将继续发挥重要作用,推动工程造价行业的数字化转型和智能化发展。

GCCP6.0软件提供了国标清单及市场清单两种业务模式,覆盖了民建工程造价全专业、全岗位、全过程的计价业务场景,通过端·云·大数据产品形态,旨在解决造价作业效率低、企业数据应用难等问题,助力企业实现作业高效化、数据标准化、应用智能化,达成造价数字化管理的目标。

GCCP6.0软件可以从官方网站下载。用户可以直接访问广联达科技股份有限公司的官方网站或其服务新干线平台(如广联达服务新干线),在软件下载区域查找GCCP6.0的下载链接。在下载页面,用户可以根据自己电脑的操作系统版本(如Windows 64位或32位)选择合适的安装包进行下载。如图1.1.1所示。

图 1.1.1

下载完毕后,还需要下载广联达加密锁驱动,可在如图1.1.2所示的界面找到广联达加密锁驱动,进行下载。

图 1.1.2

下载完以上两个软件后,即可分别进行安装。在安装前,请确保电脑已连接到互联网,以便在安装过程中进行可能需要的在线验证或更新。

安装步骤如下:

(1) 双击下载好的GCCP6.0软件的安装包,启动安装程序。

(2) 在安装向导中,仔细阅读并同意软件许可协议。

(3) 选择安装路径,一般建议按照默认路径安装,便于后续的管理和维护。

(4) 点击"安装"按钮,等待安装程序自动完成安装过程。在安装过程中,请保持网络连接稳定,以便下载和安装必要的组件。

（5）安装完成后,点击"完成"按钮退出安装向导。

使用前还需要进行激活与注册:双击下载好的广联达加密锁驱动,安装完成后,按照已购的加密锁类型进行设置即可。如图 1.1.3 所示。

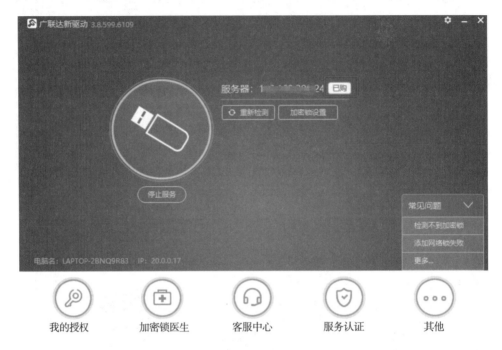

图 1.1.3

模块二

BIM 在设计阶段的造价管理

任务 2.1

设计概算的基础理论知识

知识目标

(1) 掌握设计概算的基本概念及在项目投资控制中的核心作用。
(2) 熟悉单位工程、单项工程、总概算三级编制体系的组成与关系。
(3) 理解概算定额法、概算指标法、类似工程预算法的适用场景与操作要点。

能力目标

(1) 能依据初步设计图纸和规范编制单位工程概算文件。
(2) 能运用对比分析、查询核实等方法审查设计概算的合理性。
(3) 能针对设计变更或市场变化调整概算并说明调整依据。

思政素质目标

(1) 培养学生严谨细致的职业态度,强化其造价控制的责任意识。
(2) 培养学生技术经济结合的全局观,使其注重设计方案的经济性优化。
(3) 增强学生的团队协作能力,使其理解概算编制中多方协同的重要性。

2.1.1 设计概算的概念及作用

1. 设计概算的概念

设计概算是初步设计阶段对建设项目投资额的概略计算,是设计文件的重要组成部分。设计概算的编制依据初步设计或扩大初步设计图纸,概算定额或概算指标,各项费用定额或取费标准,设备、材料预算价格等资料以及有关建设工程的政策、法令、标准等文件,由设计单位或受委托单位用科学的方法计算和确定,并经有关机构批准。

2. 设计概算的作用

设计概算是工程造价在设计阶段的表现形式,但其并不具备价格属性。因为设计概算不是在市场竞争中形成的,而是设计单位根据有关依据计算出来的工程建设的预期费用,用于衡量建设投资是否超过估算并控制下一阶段费用支出。设计概算的主要作用是控制以后各阶段的投资,具体表现为:

(1) 设计概算是编制固定资产投资计划、确定和控制建设项目投资的依据。设计概算投资应包括建设项目从立项、可行性研究、设计、施工、试运行到竣工验收等的全部建设资金。按照国家有关规定,编制年度固定资产投资计划,确定计划投资总额及其构成数额,要以批准的初步设计概算为依据。没有批准的初步设计文件及其概算,建设工程不能列入年度固定资产投资计划。

(2) 政府投资项目设计概算一经批准,将作为控制建设项目投资的最高限额。在工程建设过程中,年度固定资产投资计划安排、银行拨款或贷款、施工图设计及其预算、竣工决算等,未经规定程序批准,都不能突破这一限额,以确保严格执行和有效控制国家固定资产投资计划。

(3) 设计概算是控制施工图设计和施工图预算的依据。经批准的设计概算是建设工程项目投资的最高限额。设计单位必须按批准的初步设计和总概算进行施工图设计,施工图预算不得突破设计概算,设计概算批准后不得任意修改和调整;如需修改或调整时,须经原批准部门重新审批。竣工结算不能突破施工图预算,施工图预算不能突破设计概算。

(4) 设计概算是衡量设计方案技术经济合理性和选择最佳设计方案的依据。设计部门在初步设计阶段要选择最佳设计方案,设计概算是从经济角度衡量设计方案经济合理性的重要依据。

(5) 设计概算是编制招标控制价(招标标底)和投标报价的依据。以设计概算进行招投标的工程,招标单位以设计概算作为编制招标控制价(标底)及评标定样的依据。承包单位也必须以设计概算为依据,编制合适的投标报价,以在投标竞争中取胜。

(6) 设计概算是签订建设工程合同和贷款合同的依据。建设工程合同价款是以设计概、预算价为依据,且总承包合同不得超过设计总概算的投资额。银行贷款或各单项工程的拨款累计总额不能超过设计概算。如果项目投资计划所列支投资额与贷款突破设计概算时,必须查明原因,之后由建设单位报请上级主管部门调整或追加设计概算总投资。凡未获批准之前,银行对其超支部分不予拨付。

(7) 设计概算是考核建设项目投资效果的依据。通过设计概算与竣工决算对比,可以分析和考核建设工程项目的投资效果,同时还可以验证设计概算的准确性,有利于加强设计概算管理和建设项目的造价管理工作。

2.1.2 设计概算的编制内容

设计概算可分为单位工程概算、单项工程综合概算和建设工程项目总概算三级。各级概算之间的相互关系如图2.1.1所示。

1. 单位工程概算

单位工程概算是确定各单位工程建设费用的文件,它是根据初步设计或扩大初步设计图纸和概算定额或概算指标以及市场价格信息等资料编制而成的。

单位工程概算只包括单位工程的工程费用,由直接费、间接费、利润和税金组成,其中直接费是由分部、分项工程直接工程费的汇总加上措施费构成的。

2. 单项工程综合概算

单项工程综合概算是确定一个单项工程所需建设费用的文件,是由单项工程中的各

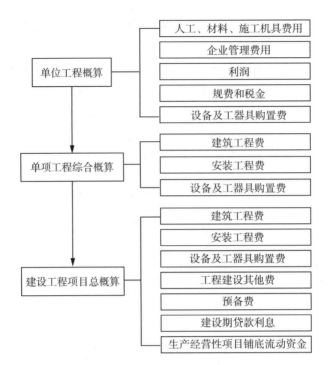

图 2.1.1

单位工程概算汇总编制而成的,是建设工程项目总概算的组成部分。对于一般工业与民用建筑工程而言,单项工程综合概算的组成内容如图 2.1.2 所示。

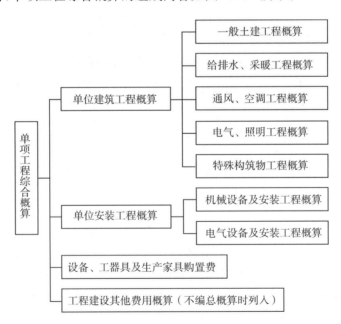

图 2.1.2

3. 建设工程项目总概算

建设工程项目总概算是确定整个建设工程项目从筹建开始到竣工验收、交付使用所需的全部费用的文件，它由各单项工程综合概算、工程建设其他费用概算、预备费、建设期贷款利息概算和经营性项目铺底流动资金概算等汇总编制而成，如图 2.1.3 所示。

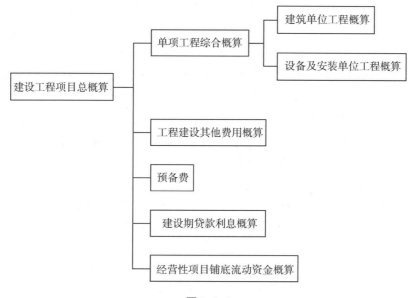

图 2.1.3

2.1.3 设计概算的编制方法

1. 概算定额法

概算定额法又叫扩大单价法或扩大结构定额法。它是采用概算定额编制建筑工程概算的方法，类似用预算定额编制建筑工程预算。它根据初步设计图纸资料和概算定额的项目划分计算出工程量，然后套用概算定额单价（基价），计算汇总后，再计取有关费用，便可得出单位工程概算造价。

概算定额法要求初步设计达到一定深度。只有当建筑结构比较明确，能按照初步设计的平面、立面、剖面图纸计算出楼地面、墙身、门窗和屋面等扩大分项工程（或扩大结构构件）项目的工程量时，才可采用此法。

2. 概算指标法

概算指标法采用直接费指标。概算指标法是用拟建的厂房、住宅的建筑面积（或体积）乘以技术条件相同或基本相同的概算指标得出直接费，然后按规定计算出其他直接费、现场经费、间接费、利润和税金等，编制出单位工程概算的方法。

当初步设计深度不够，不能准确地计算出工程量，但工程设计采用的技术比较成熟而又有类似工程概算指标可以利用时，可采用此法。

3. 类似工程预算法

类似工程预算法是利用技术条件与设计对象类似的已完工程或在建工程的工程造价资料来编制拟建工程设计概算的方法。类似工程预算法适用于拟建工程初步设计与已完工程或在建工程的设计类似而又没有可用的概算指标的情况,但必须对建筑结构差异和价差进行调整。

4. 设计概算编制的操作方法

设计概算的编制是一个系统且详细的过程,旨在预估项目的总成本,并为项目的经济决策提供基础。以下是设计概算编制的操作方法:

(1) 收集基础资料

了解项目的设计要求和目标,收集项目的技术要求、图纸、规格说明等相关资料。

分析类似项目的历史数据,以便在估算时参考。

(2) 划分工作范围

根据项目需求和设计要求,将整个项目划分为不同的工作范围。

确定每个工作范围的设计概算范围,确保没有遗漏或重复。

(3) 估算工作量

根据各个工作范围的设计要求,估算完成每个工作范围所需的工作量。

可以参考类似项目的经验数据和专业知识进行估算。

(4) 估算人力资源和材料设备成本

根据工作量估算,确定项目所需的设计人员数量和时间,考虑设计人员的能力和经验等因素。

根据设计需求,估算所需的材料和设备的数量和价格,并计算出总成本。

(5) 计算分部分项工程费

使用概算定额法或概算指标法计算分部分项工程费。

对于结构比较明确的工程,可以使用概算定额法,按照初步设计图纸和说明书计算工程量,并套用相应的扩大单位估价。

对于初步设计深度不够或工程费不明确的工程,可以使用概算指标法,利用类似工程的概算指标进行计算。

(6) 计算措施项目费和其他费用

根据有关标准计算措施费、间接费、利润和税金等。

还需要考虑其他费用,如运输费用、场地租赁费用、文档制作费用等。

(7) 汇总单位工程概算造价

将上述各项费用累加,得出单位工程概算造价。

确保汇总过程准确无误,各项费用计算合理。

(8) 编写概算编制说明

编写详细的概算编制说明,解释各项费用的计算依据和方法。

指出可能存在的风险和不确定性因素,并提出相应的处理措施。

(9) 检查和修订

对设计概算进行检查和修订,确保准确性和合理性。

合理处理不确定性和风险,避免低估或高估的情况。

(10) 提交审批

将编制好的设计概算提交给相关部门或领导审批。

根据审批意见进行修改和完善,最终确定项目的总成本。

以上是设计概算编制的操作方法。需要注意的是,设计概算编制是一项复杂的工作,需要综合考虑项目的具体情况和专业知识。在编制过程中,应时刻关注项目的可行性和可持续性,确保概算结果能够真实反映项目的实际情况。

2.1.4 设计概算的审查

设计概算的审查是确保建设项目投资合理性的重要环节。

1. 设计概算审查的作用

(1) 有利于合理分配投资资金、加强投资计划管理,有助于合理确定和有效控制工程造价。设计概算编制偏高或偏低,不仅影响工程造价的控制,也会影响投资计划的真实性,影响资金的合理分配。

(2) 有利于促进概算编制单位严格执行国家有关概算的编制规定和费用标准,从而提高概算的编制质量。

(3) 有利于促进设计的技术先进性与经济合理性。概算的技术经济指标是概算的综合反映,与同类工程相比,便可以看出它的先进与合理程度。

(4) 有利于核定建设项目的投资规模,可以使建设项目总投资尽可能做到准确、完整,防止任意扩大投资规模或出现漏项,从而减少投资缺口,缩小概算与预算之间的差距,避免故意压低概算投资,搞"钓鱼"项目,最后导致实际造价大幅度地突破概算。

(5) 有利于为建设项目投资的落实提供可靠的依据。打足投资,不留缺口,有助于提高建设项目的投资效益。

2. 设计概算审查的内容

(1) 审查设计概算的编制依据

包括国家综合部门的文件,国务院主管部门和各省、市、自治区根据国家规定或授权制定的各种规定及办法,建设项目的设计文件等为重点审查对象。

①审查编制依据的合法性。采用的各种编制依据必须经过国家或授权机关的批准,符合国家的编制规定,未经批准的不能采用。也不能强调情况特殊,擅自提高概算定额、指标或费用标准。

②审查编制依据的时效性。各种依据,如定额、指标、价格、取费标准等,都应根据国家有关部门的现行规定确定,注意有无调整和新的规定。

③审查编制依据的适用范围。各种编制依据都有规定的适用范围,如各主管部门规定的各种专业定额及其取费标准,只适用于该部门的专业工程;各地区规定的各种定额及

其取费标准,只适用于该地区的范围。特别是地区内的材料预算价格的区域性更强,如某市有该市区的材料预算价格,又编制了郊区内一个矿区的材料预算价格,那么在该市的矿区建设中,其概算采用的材料预算价格应采用矿区的价格,而不能采用该市的价格。

(2) 审查设计概算的编制深度

① 审查编制说明。审查编制说明可以检查概算的编制方法、深度和编制依据等重大原则问题。

② 审查编制深度。一般大中型项目的设计概算,应有完整的编制说明和"三级概算"(总概算表、单项工程综合概算表、单位工程概算表),并按有关规定的深度进行编制。应审查是否有符合规定的"三级概算",各级概算的编制、校对、审核是否按规定签署。

③ 审查编制范围。审查编制范围及具体内容是否与主管部门批准的建设项目范围及具体工程内容一致;审查分期建设项目的建筑范围及具体工程内容有无重复交叉,是否重复计算或漏算;审查其他费用所列的项目是否都符合规定,静态投资、动态投资和经营性项目铺底流动资金是否分部列出等。

(3) 审查设计概算的建设规模、标准

审查设计概算的投资规模、生产能力、设计标准、建设用地、建筑面积、主要设备、配套工程、设计定员等是否符合原批准可行性研究报告或立项批文的标准。如概算总投资超过原批准投资估算10%以上,应进一步审查超估算的原因。

(4) 审查设备规格、数量和配置

工业建设项目设备投资比重大,一般占总投资的30%～50%,要认真审查。审查所选用的设备规格、台数是否与生产规模一致,材质、自动化程度有无提高标准,引进设备是否配套、合理,备用设备台数是否适当,消防、环保设备是否计算,等等。还要重点审查价格是否合理、是否符合有关规定,如国产设备应按当时询价资料或有关部门发布的出厂价、信息价,引进设备应依据询价或合同价编制概算。

(5) 审查工程费

建筑安装工程投资是随工程量增加而增加的,要认真审查。要根据初步设计图纸、概算定额及工程量计算规则、专业设备材料表、建(构)筑物和总图运输一览表进行审查,有无多算、重算、漏算。

(6) 审查计价指标

审查建筑工程采用工程所在地区的计价定额、费用定额、价格指数和有关人工、材料、机械台班单价是否符合现行规定;审查安装工程所采用的专业部门或地区定额是否符合工程所在地区的市场价格水平,概算指标调整系数、主材价格、人工、机械台班和辅材调整系数是否按当地最新规定执行;审查引进设备安装费率或计取标准、部分行业专业设备安装费率是否按有关规定计算等。

(7) 审查其他费用

工程建设其他费用投资通常占项目总投资的25%以上,必须认真逐项审查。审查费用项目是否按国家统一规定计列,具体费率或计取标准、部分行业专业设备安装费率是否按有关规定计算等。

3. 设计概算审查的基本方法

（1）对比分析法

对比分析法主要是通过建设规模、标准与立项批文对比，工程数量与设计图纸对比，综合范围、内容与编制方法、规定对比，各项取费与规定标准对比，材料、人工单价与统一信息对比，引进设备、技术投资与报价要求对比，技术经济指标与同类型对比等，发现设计概算存在的主要问题和偏差。

（2）查询核实法

查询核实法是对一些关键设备和设施、重要装置、引进工程图纸不全、难以核算的较大投资进行多方查询核对，逐项落实的方法。主要设备的市场价向设备采购部门或招标公司查询核实，重要生产装置、设施向同类企业查询了解，引进设备价格及有关费税向进出口公司调查落实，复杂的建筑安装工程向同类工程的建设、承包、施工单位征求意见，深度不够或不清楚的问题直接向原概算编制人员、设计者询问清楚。

（3）联合会审法

联合会审前，可先采取多种形式分头审查，包括设计单位自审，主管、建设、承包单位初审，工程造价咨询公司评审，邀请同行专家预审，审批部门复审等，经层层审查把关后，各有关单位和专家进行联合会审。在会审大会上，由设计单位介绍概算编制情况及有关问题，各有关单位、专家汇报初审、预审意见，然后进行认真分析、讨论，结合对各专业技术方案的审查意见所产生的投资增减，逐一核实原概算出现的问题。经过充分协商、认真听取设计单位意见后，实事求是地处理和调整。

2.1.5 设计概算的调整

设计概算的调整操作在设计项目的实际执行过程中是常见的需求，尤其是在遇到市场条件变化、设计方案变更、政策调整等因素导致原设计概算不再适用时。以下是针对设计概算调整的操作方法：

（1）明确调整原因和依据

在进行设计概算调整之前，首先需要明确调整的原因和依据。这包括但不限于市场条件变化（如材料价格、人工费上涨等）、设计方案变更（如建筑规模、结构形式、装修标准等发生变化）、政策调整（如税费、环保要求等变化）等因素。只有明确了调整的原因和依据，才能确保调整操作的合理性和合规性。

（2）收集相关数据和资料

为了准确进行设计概算调整，需要收集相关数据和资料。这些数据和资料包括但不限于原设计概算文件、调整原因和依据的相关证明文件、新的设计图纸和说明书、市场价格信息等。这些数据和资料将为调整操作提供必要的依据和支撑。

（3）重新计算分部分项工程量

在收集到相关数据和资料后，需要根据新的设计图纸和说明书重新计算分部分项工程量。这需要对每个分部分项工程进行详细的分析和计算，确保工程量的准确性和完整性。

(4) 根据新的单价计算分项造价

在重新计算分部分项工程量后,需要根据新的市场价格信息或相关标准重新确定各分项工程的单价。然后,将各分项工程的工程量与相应的单价相乘,得出各分项工程的造价。

(5) 调整直接费用和间接费用

在计算出各分项工程的造价后,需要根据实际情况调整直接费用和间接费用。直接费用包括材料费、人工费、施工机械使用费等与工程直接相关的费用;间接费用包括管理费、规费、税金等与工程间接相关的费用。这些费用的调整需要根据实际情况进行综合考虑和计算。

(6) 汇总得出新的工程总概算

在完成以上步骤后,需要将各分项工程的造价进行汇总,得出新的工程总概算。同时,还需要将新的工程总概算与原设计概算进行对比分析,确保调整操作的合理性和有效性。

(7) 编制调整报告和申请审批

最后,需要编制设计概算调整报告,详细说明调整的原因、依据、方法和结果,并将调整报告提交给相关部门进行审批和备案。在审批过程中,需要向审批部门提供充分的证据和资料,以证明调整操作的合理性和合规性。

总之,设计概算的调整需要遵循一定的程序和规范,确保调整结果的准确性和合规性。同时,在调整过程中需要充分考虑各种因素的影响,确保调整操作的合理性和有效性。

任务 2.2

广联达云计价平台 GCCP6.0 编制概算的特点和流程

知识目标
(1) 掌握 GCCP6.0 软件全业务覆盖、智能组价及量价一体的核心功能。
(2) 熟悉 GCCP6.0 软件编制概算的标准化流程与智能提量技术。

能力目标
(1) 能熟练运用 GCCP6.0 软件完成工程量输入、定额套用及价格调整。
(2) 能通过智能组价与报表生成功能高效输出合规概算文件。
(3) 能结合地区规范处理特殊换算规则并协同完成多人编制任务。

思政素质目标
(1) 培养学生数据驱动的精细化造价管理意识,使其践行工匠精神。
(2) 培养学生 BIM 技术与造价业务融合的创新思维,提升其数字化素养。
(3) 强化学生的职业规范与协作意识,使其在云端协同中坚守质量底线。

2.2.1 广联达云计价平台 GCCP6.0 编制概算的特点

基于广联达云计价平台 GCCP6.0(简称"GCCP6.0 软件")的概算编制,采用概算编制方法中相对精确的"概算定额法"编制建设工程项目的设计概算。广联达云计价平台 GCCP6.0 在编制概算方面具有以下显著特点:

(1) 全业务覆盖与高效流转

①全业务覆盖:GCCP6.0 软件覆盖了概算、预算、结算、审核等全阶段的计价业务,实现了概预结审之间的数据一键转化,确保各阶段工程数据的互通与无缝切换。这对于提高整个工程造价过程的效率和准确性具有重要意义。

②高效流转:支持各专业灵活拆分,便于多人协作,使得工程概算编制及数据流转更加高效快捷。

(2) 智能组价与历史数据复用

①智能组价:基于大数据和 AI(Artificial Intelligence,人工智能)智能算法,GCCP6.0 软件能够实现历史数据和行业数据的快速智能应用,提升预算员组价效率。这一功能特别适用于跨地区项目编制组价,有助于降低学习成本和提高工作效率。

②历史数据复用：用户可以按照匹配条件自动复用历史已有组价，快速形成组价文件，减少重复劳动，提高工作效率。

(3) 量价一体与精准核算

①量价一体：GCCP6.0软件打通了计价与算量工程，实现了数据互通、快速提量和实时刷新。用户可以直接导入算量构件至计价工程，进行快速提量和精准核算，大大提高了提量效率和核量准确性。

②精准核算：GCCP6.0软件提供了多种报表输出和在线智能识别搜索功能，支持PDF、Excel等格式，便于用户进行个性化报表设计和精准核算。

(4) 丰富功能与便捷操作

①丰富功能：GCCP6.0软件不仅具备基本的概算编制功能，还提供了概算汇总及指标生成、调整概算、多样报表输出等功能。此外，它还支持智能提量、在线报表、工程自检等高级功能，以满足用户多样化的需求。

②便捷操作：GCCP6.0软件界面友好，操作便捷。用户通过简单的点击和拖拽即可完成大部分操作，学习成本和使用难度大大降低。同时，GCCP6.0软件还提供了详细的帮助文档和在线支持服务，方便用户随时查阅以解决问题。

(5) 地区化特色与专业支持

①地区化特色：GCCP6.0软件支持全国所有地区的计价规范，并针对不同地区的特性进行了定制化开发。例如，GCCP6.0软件针对某些地区的特殊换算规则、费用调整方法等进行了优化处理，能够满足不同地区用户的实际需求。

②专业支持：广联达作为专业的工程造价软件提供商，拥有强大的技术团队和丰富的行业经验。用户在使用过程中遇到任何问题都可以随时联系技术支持团队获得帮助。

综上所述，广联达云计价平台GCCP6.0在编制概算方面具有全业务覆盖与高效流转、智能组价与历史数据复用、量价一体与精准核算、丰富功能与便捷操作以及地区化特色与专业支持等特点，这些特点使得它成为工程造价领域的一款高效、智能、便捷的工具。

2.2.2　广联达云计价平台GCCP6.0编制概算的流程

广联达云计价平台GCCP6.0编制概算的流程主要包括以下几个步骤，这些步骤旨在确保概算的准确性和高效性。

(1) 创建工程

首先，用户需要在GCCP6.0软件中创建一个新的工程项目。在这个过程中，需要设置工程的名称、地点、建筑面积等基本信息，这些信息将作为后续概算编制的基础。

(2) 输入工程量

根据工程设计图纸和规范，用户需要输入建筑工程的各个分项工程量，如土方、基础、主体结构、装修等。这些工程量数据是计算工程费用的直接依据。

(3) 套用定额

根据输入的工程量，用户需要选择相应的定额进行套用。定额是建筑工程计价的重要依据，它规定了完成单位工程所需的人工、材料、机械台班等的消耗量及其价格。

在某些情况下，用户可能需要对定额进行换算，以适应实际工程情况。GCCP6.0软件提供了标准换算和批量换算功能，方便用户进行定额调整。

（4）计算汇总

在套用定额后，软件会自动计算出各个分项工程的费用。用户需要对这些费用进行核对和确认，确保计算的准确性。

接下来，用户需要对各个分项工程的费用进行汇总，以计算出工程的总造价。GCCP6.0软件提供了强大的汇总功能，支持多种汇总方式和报表输出。

（5）调整价格

根据市场价格变化或其他因素，用户需要对工程的造价进行调整。GCCP6.0软件支持人材机价格的实时更新和调整，确保概算的时效性和准确性。

（6）输出报表与审核

完成概算编制后，用户需要输出相关报表以供存档和审核。GCCP6.0软件提供了多种报表格式和输出方式，方便用户进行个性化选择和定制。

在输出报表前，用户可以利用软件提供的项目自检功能对概算结果进行检查，确保无遗漏和错误。

在编制概算的过程中，用户应关注以下注意事项：

（1）由于不同地区可能有不同的计价规范和定额标准，用户在编制概算时需要注意地区差异对概算结果的影响。

（2）在编制概算的过程中遇到任何问题或困难，用户可以及时联系广联达的技术支持团队寻求帮助和解答。

广联达云计价平台GCCP6.0编制概算的流程是一个系统而严谨的过程，需要用户按照一定的步骤和规则进行操作。通过遵循这些步骤和规则，用户可以确保概算的准确性和高效性。

任务 2.3

项目概算编制

知识目标

(1) 掌握 GCCP6.0 软件新建"三级概算"项目的操作流程与参数设置规则。
(2) 熟悉分部分项工程组价、措施项目费用计算及人材机价差调整方法。
(3) 理解设备购置费、二类费用、三类费用的构成及在软件中的汇总逻辑。

能力目标

(1) 能通过 GCCP6.0 软件完成工程量导入、定额换算、批量调整等核心操作。
(2) 能结合工程实际需求编制国内外设备购置费及工程建设其他费用。
(3) 能运用软件自检功能校验概算数据准确性并生成合规的报表文件。

思政素质目标

(1) 培养学生严谨细致的造价编制习惯,确保数据与规范的高度契合。
(2) 培养学生 BIM 技术赋能造价管理的创新思维,提升其数字化协作能力。
(3) 强化学生的成本控制意识,在概算编制中平衡技术可行性与经济合理性。

2.3.1 新建建设项目概算项目

新建建设项目概算项目的操作过程如下:

(1) 单击标题栏中的"新建概算",再在弹出新建概算项目的信息栏中,选择"清单项目",定位所在地区(本书以广东省为例),如图 2.3.1 所示。

2.3.1 新建建设项目概算项目 微课视频

此处的"模板工程"是指新建一个建设项目的概算模板,是"三级概算"项目管理体制中的最高阶。一般情况下,由于不同建设项目的单项工程构成不同,建议用户根据建设项目的实际情况单击"清单项目"或"定额项目",自行建立建设项目的概算模板。此外,软件也提供一些标准模板,如"广东 2018 概算定额"等,用户可以单击"模板工程"按钮,查看标准模板的组成并选择使用。

(2) 在"清单项目"的对话框中依次输入项目名称、项目编码,选取项目所在地区的概算定额,浏览选择价格文件,单击"立即新建"按钮,即可完成建设项目概算模板的建立,如图 2.3.2 所示。

图 2.3.1

图 2.3.2

需要说明的是,"定额标准"必须准确输入,新建项目完成后不能更改;其他信息可按实际填写,新建项目完成后可以在软件中修改相应信息。

(3) 进入"项目信息"界面后,选中左侧导航栏中的"单项工程",单击鼠标右键,选择"重命名",将单项工程名称信息修改为"培训楼工程",如图 2.3.3 所示。

图 2.3.3

在新建的"单项工程"中,软件内置了相应的"单位工程"选项,因此用户只需按照工程的实际情况,在对话框中勾选各单项工程包含的相关单位工程即可,无须再手动建立。选中"单位工程",将其改为"建筑装饰",如图 2.3.4 所示。

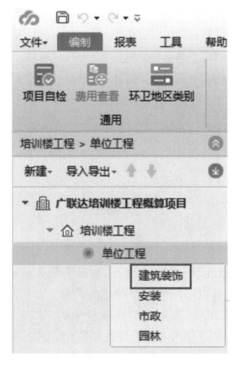

图 2.3.4

建立完毕后,用户还可以按照建设项目实际情况再新建多个单项工程,或者对已经建立完成的单项工程建立相应的单位工程,或者修改已经建立完成的单项工程、单位工程的相关信息。

(4) 新建项目完成后,在工作界面的导航栏中就形成了建设项目的"三级概算"项目管理体制,至此,GCCP6.0 软件完成了概算项目的新建操作,如图 2.3.5 所示。

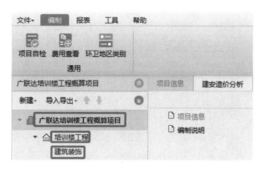

图 2.3.5

2.3.2 确定单位工程的概算建筑安装工程费

按照概算定额法编制建设项目概算,GCCP6.0 软件的基本做法是:首先,在"单位工程"界面下,完成相应单位工程项目的建筑安装工程费的计算,如图 2.3.6 所示。

2.3.2 确定单位工程的概算建筑安装工程费 微课视频

图 2.3.6

其次,在"单项工程"界面下,软件自动汇总所包含的相应单位工程的建筑安装工程费,并分析该单项工程的相关造价指标,如图 2.3.7 所示。

图 2.3.7

最后，在"建设项目"界面下，完成设备购置费、工程建设其他费用和三类费用的取费计算，并汇总建设项目的概算总投资，如图2.3.8所示。

图 2.3.8

综上所述，如果要完成整个建设项目的概算编制，应先完成其所包含的各单位工程的建筑安装工程费的计算。

操作过程如下：

1. 编制分部分项工程概算

按照工程造价的计价流程，当需要进行概算计价时，单位工程相应的分部分项及措施项目工程量已经通过相关算量软件或者手工计算得出。

（1）导入已完成的概算工程量

CCCP6.0软件提供了3种导入已完成的概算工程量的方法，即导入 Excel 文件、导入外部工程和导入算量文件，如图2.3.9所示。

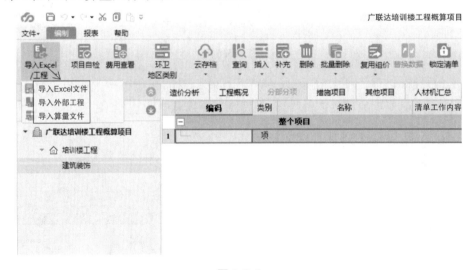

图 2.3.9

①导入 Excel 文件。将已完成的概算工程量汇总表 Excel 文件中的工程量数据导入 CCCP6.0 软件中，通过软件自动识别结合人工手动识别表中数据的方法，完成相应单位工程的概算分部分项及措施项目工程量的输入。

具体做法：单击"导入 Excel/工程"→"导入 Excel 文件"，在弹出的"导入 Excel 招标文件"对话框中选择需要导入的 Excel 概算工程量汇总表并单击"打开"按钮，即可完成 Excel 概算工程量汇总表的导入。

②导入算量文件。将 GCCP6.0 软件与广联达算量软件互通，将算量软件中的项目工程量导入 GCCP6.0 软件中，完成相应单位工程的概算分部分项及措施项目工程量的输入。

具体做法：单击"导入 Excel/工程"→"导入算量文件"，在弹出的"导入算量文件"对话框中选择需要导入的广联达算量文件，并单击"导入"按钮；然后选择清单项目和措施项目，再单击"导入"按钮即可完成算量文件的导入，如图 2.3.10—图 2.3.13 所示。

图 2.3.10

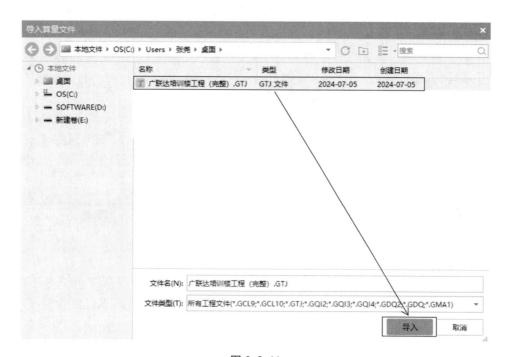

图 2.3.11

图 2.3.12

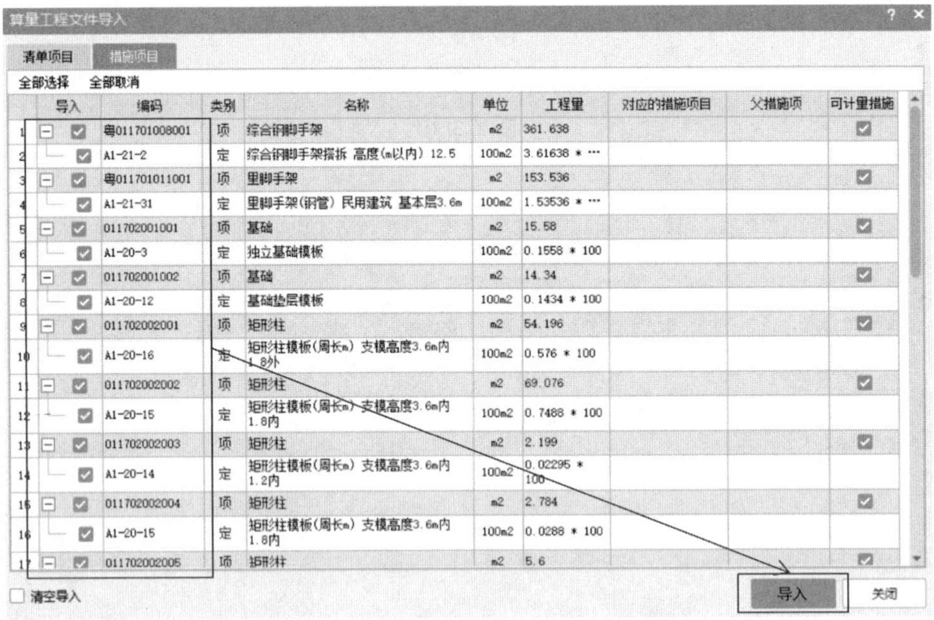

图 2.3.13

③导入外部工程。将利用 GCCP6.0 软件做好的单位工程概算导入新的基于 GCCP6.0 软件所做的概算工程中。当建设项目较大,所含单项工程、单位工程较多,需要多人分块协作完成时,采用该方法可以实现将不同编制人员各自利用 GCCP6.0 软件完成的单位工程概算进行汇总整合,这里不再赘述具体操作方法。

（2）整理子目

将已完成的概算工程量导入 GCCP6.0 软件后，单位工程工作区会呈现导入的所有分部分项工程，用户可以对这些导入的分部分项工程子目进行归纳整理，将不同的分部分项工程子目对应到不同的章节中。软件提供了子目整理功能，用户可以根据需要选择子目整理的层级，让软件自动将不同的定额子目按照用户要求的层级进行快速整理。

具体操作如下：

①单击工具栏中的"整理清单"中的"分部整理"，如图 2.3.14 所示。

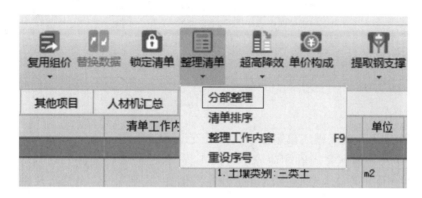

图 2.3.14

②在弹出的"分部整理"对话框中选择需要整理的层级，一般情况下选择"需要章分部标题"，单击"确定"按钮，如图 2.3.15 所示，此时软件会自动将不同的定额子目按照定额的"章"进行归纳分类。

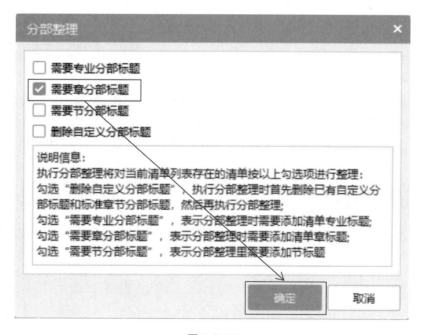

图 2.3.15

③软件自动整理完成后,工作区左侧会出现定额各章的名称,选择某章名称时,工作区右侧会出现该章所包含的相关定额子目,如图2.3.16所示。

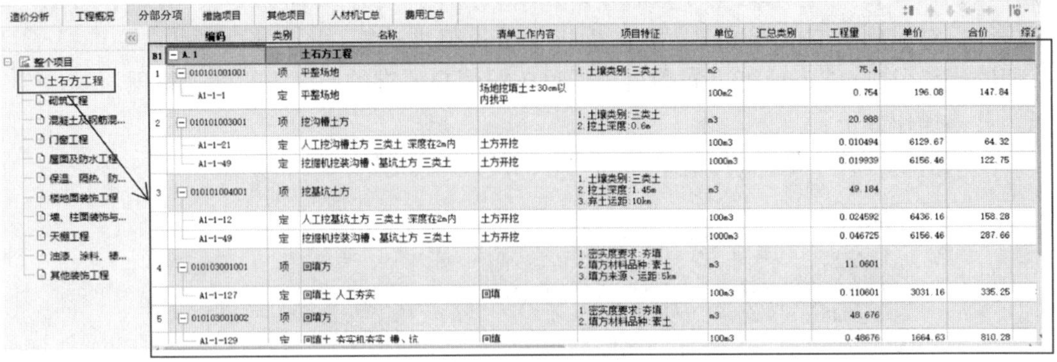

图2.3.16

(3) 概算分部分项工程清单定额子目的补充

对已经导入并整理完成的相应分部分项工程,若还需要补充额外的分部分项清单定额子目,软件允许用户在工作区手动自行补充。例如,需要补充"混凝土及钢筋混凝土工程"中钢筋、接头清单定额子目,具体操作如下:

①在工作区左侧选择"混凝土及钢筋混凝土工程",在工作区右侧单击选中该章中的最后一个清单,单击鼠标右键,在弹出的菜单中选择"插入清单",软件会在所选子目下面自动插入一个清单行,然后选择该清单,单击鼠标右键,在弹出的菜单中选择"插入子目",软件会在所选子目下面自动插入一个子目行,如图2.3.17所示。

图2.3.17

②在所插入的空白清单子目行中,鼠标左键双击"编码"栏,软件会自动弹出"查询"对话框。在"查询"对话框中依次选择"工程量清单项目计量规范(2013-广东)"→"建筑工程"→"混凝土及钢筋混凝土工程"→"钢筋工程",鼠标左键双击选择右侧的"现浇构件钢筋",即可将该清单项添加上,如图2.3.18所示。

③在所插入的空白定额子目行中,鼠标左键双击"编码"栏,软件会自动弹出"查询"对话框。在"查询"对话框中依次选择"广东省房屋建筑与装饰工程综合定额(2018)"→"建筑工程"→"混凝土及钢筋混凝土工程"→"现浇构件钢筋制安"→"热轧带肋钢筋制安",鼠标左键双击选择"现浇构件带肋钢筋(Ⅲ级以上)φ10以内",即可将该定额子目项添加上,如图2.3.19所示。

图 2.3.18

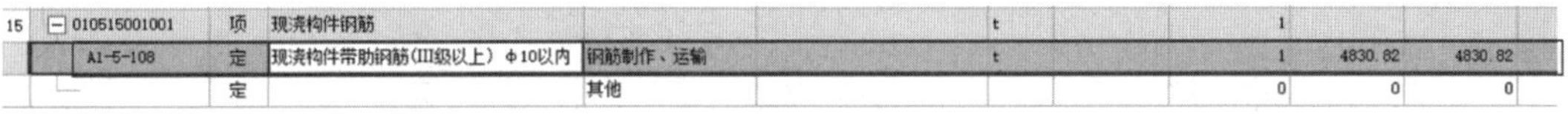

图 2.3.19

④在添加了相应的清单项和定额子目后,鼠标左键双击该清单项的项目特征对照定额要求补充输入,接下来双击该清单项的"工程量表达式"或者"工程量栏"输入该清单项的工程量表达式或者工程量,即可完成该清单项工程量的输入,然后在定额子目处输入"QDL",即可完成该子目的工程量的输入,如图 2.3.20 所示。

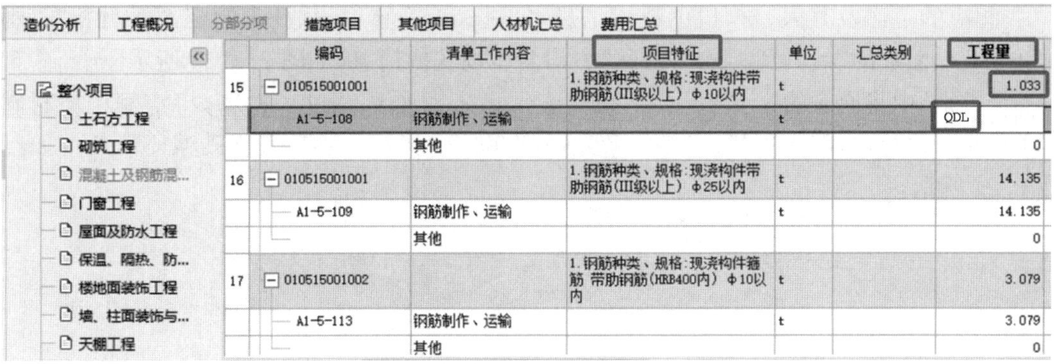

图 2.3.20

(4)概算定额子目的标准换算

定额子目的标准换算,其实质是用户根据工程项目的具体情况,结合定额规定的换算规则,对定额子目的单价进行必要的调整。这种调整通常涉及砂浆、混凝土强度等级的改变导致的单价调整,以及在特定情况下对人、材、机消耗量的系数调整,进而影响到单价。这种换算旨在使定额子目的单价更加符合实际工程的成本需求。

GCCP6.0软件按照用户所选计价定额的换算规定,在软件中内置了定额标准换算操作命令。其具体操作是:选择需要进行换算的定额子目,在工作区下方单击"工料机显示",在"工料机显示"界面选择需要换算主材的编码,选择对应的需要换算的内容。

例如,在《广东省房屋建筑与装饰工程综合定额(2018)》中,可以找到"预拌砂浆与传统砂浆对照表",如图 2.3.21 所示。

传统建筑砂浆是按材料的比例设计的,而预拌砂浆是按抗压强度等级划分的,为方便工程造价人员计价,现给出预拌砂浆与传统砂浆对应关系供参考。

品种	预拌砂浆	传统砂浆
砌筑砂浆	DM M5、WM5	M5混合砂浆、M5水泥砂浆
	DM M7.5、WM7.5	M7.5混合砂浆、M7.5水泥砂浆
	DM M10、WM10	M10混合砂浆、M10水泥砂浆
	DM M15、WM15	M15水泥砂浆
	DM M20、WM20	M20水泥砂浆
抹灰砂浆	DP M5、WP5	1:1:6混合砂浆
	DP M10、WP10	1:1:4混合砂浆
	DP M15、WP15	1:3水泥砂浆
	DP M20、WP20	1:2水泥砂浆、1:2.5水泥砂浆、1:1:2混合砂浆
地面砂浆	DS M15、WS15	1:3水泥砂浆
	DS M20、WS20	1:2水泥砂浆
备注:其它砂浆可根据强度和性能要求,选用相应的预拌砂浆。		

图 2.3.21

结合清单的项目特征,上述定额规定砂浆为"预拌砌筑砂浆 M7.5";而实际工程中,本定额子目所采用的砂浆为"混合砂浆 M7.5",则按照定额的规定,需要在软件中进行标准换算,换算步骤如图 2.3.22 所示。

相应的定额及其人、材、机消耗量信息,经过标准换算后,软件中原定额子目在"工料机显示"界面下的"编码""类别""名称"中均会体现变换信息,如图 2.3.23 所示。

"类别"中将原来的"定"变化为"换",表示该定额子目经过了换算,将定额中原材料 80010680(预拌水泥砂浆 M7.5)换算为 8005902 号材料(湿拌砌筑砂浆 M7.5),如图 2.3.24 所示。

图 2.3.22

图 2.3.23

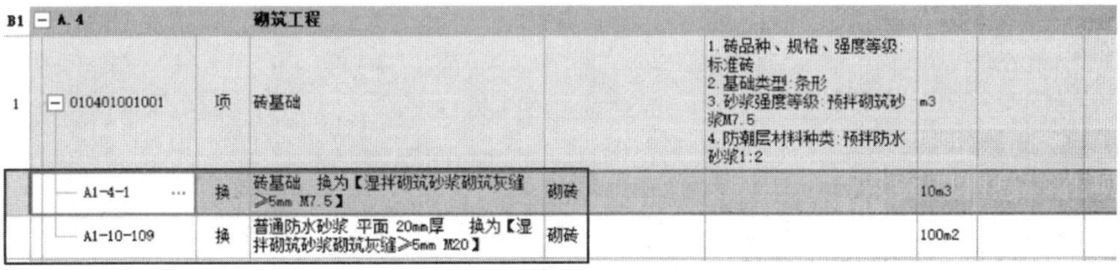

图 2.3.24

定额换算后,具体的换算信息也可以通过单击"换算信息"查看,如图 2.3.25 所示。

图 2.3.25

(5) 概算项目的批量换算

某些特定情况下,为了满足概算编制的需要,需要对定额人、材、机消耗量进行强制调整,此时可以使用软件提供的"批量换算"来完成。

具体做法是:选中需要调整的章的编码(如只需调整本章中的某一定额子目,则可直接选中需要调整的定额子目)→单击工具栏中的"其他"→选择"批量换算"→在弹出的"批量换算"对话框中输入人、材、机需要调整的系数→单击"确定"按钮,即可完成某定额子目或者章的人、材、机系数的批量换算。例如,需要将"门窗工程"中的人工系数统一上调为1.3,做法如图 2.3.26、图 2.3.27 所示。

图 2.3.26

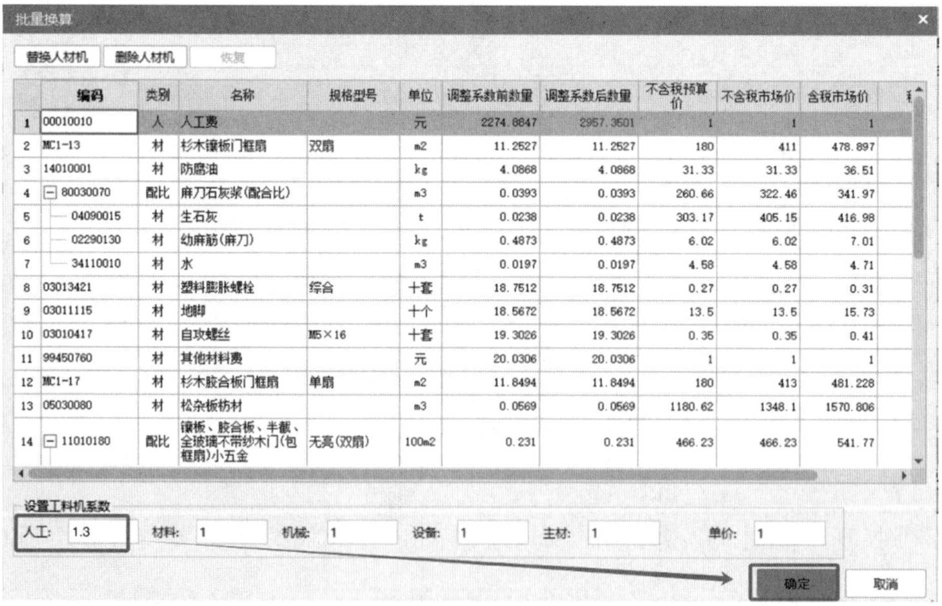

图 2.3.27

2. 编制措施项目概算

措施项目概算是指在初步设计或施工图设计阶段,根据工程项目特点、施工条件及施工方法等因素,对施工过程中可能发生的各种技术措施、组织措施和安全环保措施等费用进行的概算。这些费用包括但不限于施工排水降水、模板及支架、脚手架、已完工程及设备保护、施工安全防护、文明施工、夜间施工、二次搬运、冬雨季施工增加费、大型机械设备进出场及安拆费、垂直运输机械使用费等。

措施项目概算的编制主要依据以下文件和资料:

①初步设计或施工图设计文件:提供工程项目的具体设计内容和要求,是编制概算的基础。

②概算定额或概算指标:用于确定各项措施项目的费用标准。

③市场价格信息:包括人工、材料、机械等市场价格,用于调整概算中的价格水平。

④相关政策法规:如建筑安装工程费用项目组成及计算规则等,用于规范概算的编制。

措施项目概算的编制方法通常包括以下几种:

①定额法:根据概算定额或概算指标,结合工程项目的具体情况,逐项计算各项措施项目的费用。

②比例法:根据历史经验或类似工程项目的数据,按一定比例估算措施项目的费用。

③分析法:对措施项目进行详细分析,根据其组成内容和费用构成,分别计算各项费用并汇总。

措施项目概算在工程项目投资控制中具有重要意义。它有助于项目投资者和建设单位提前了解并控制施工过程中的非实体性项目费用,从而更准确地把握项目的总投资规模。同时,它还有助于优化施工方案、提高施工效率、降低施工成本,为工程项目的顺利实施和完成提供有力保障。

措施项目概算是工程项目设计阶段的一项重要工作。采用科学合理的编制方法,可以准确估算施工过程中可能发生的非实体性项目费用,为工程项目的投资控制和施工管理提供有力支持。因此,在工程项目管理过程中,应高度重视措施项目概算的编制工作,确保其准确性和合理性。

通过GCCP6.0软件进行措施项目概算编制,可以直接点击"措施项目",页面上即会显示出13条需要按照定额计算的措施项,如图2.3.28所示。

在一个完整的项目中,并不是每一条上述13条措施项目的费用都需要进行计算。要根据施工图纸、方案及施工组织设计等进行套价。

双击如图2.3.29所示的位置,会弹出如图2.3.30所示的"查询"对话框,根据指引选择"措施项目"→"脚手架工程"→"粤011701008综合钢脚手架",在定额"A1-21-2"前的方框中打"√"后,点击右上角的"替换清单(R)"即可。

根据实际情况在"项目特征"和"工程量"中填入具体数值,如图2.3.31所示,即完成本条清单的开项和套价。按照上述方法将其他所需要的措施项目开项即可。

由于在导入算量文件时,已经提取过措施项目,可以在"措施项目"页面的最下端,找到导入的模板和脚手架清单项,如图2.3.32所示。

图 2.3.28

图 2.3.29

图 2.3.30

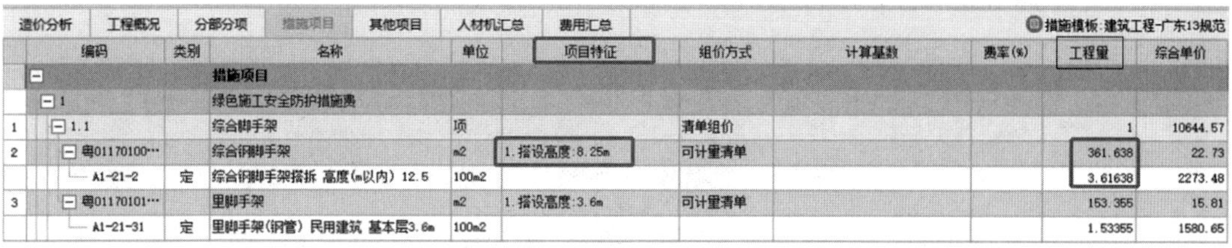

图 2.3.31

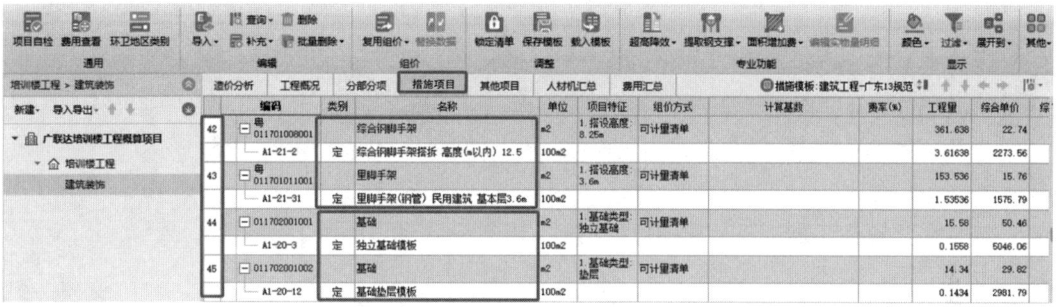

图 2.3.32

以"模板"为例,选中所有模板清单项后点击鼠标右键选择"剪切",并再次点击右键将其"粘贴"到第 2.5 条的模板费用位置,如图 2.3.33 所示。

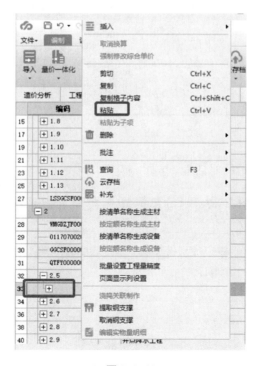

图 2.3.33

粘贴完毕后如图 2.3.34 所示。

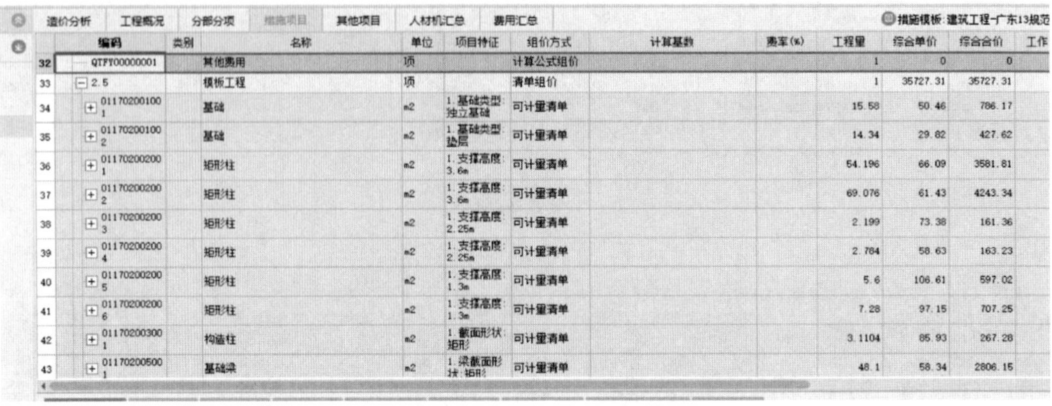

图 2.3.34

选中所有模板工程,选择"提取钢支撑",如图 2.3.35 所示。

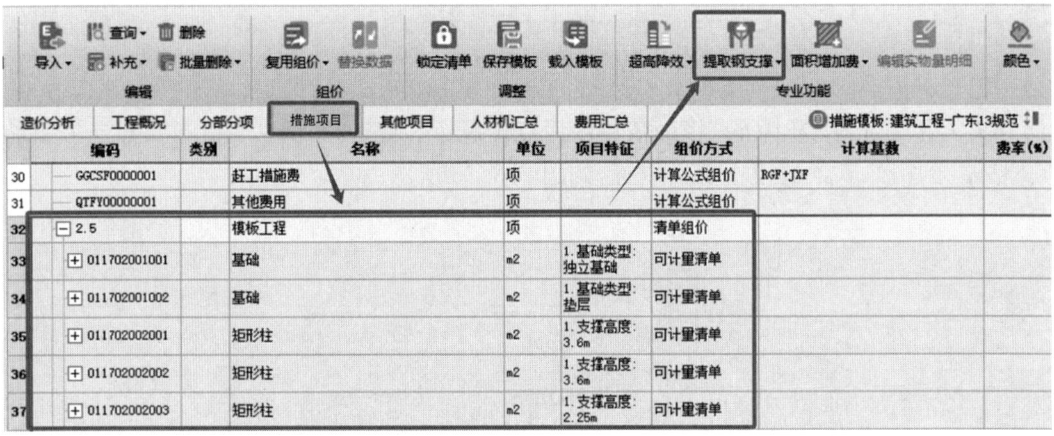

图 2.3.35

弹出如图 2.3.36 所示的对话框,点击"确定"。

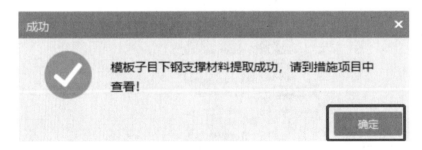

图 2.3.36

点击“确定”按钮后，钢支撑的费用会在第 2.5 条模板工程中扣除费用后，自动添加到第 1.5 条钢支撑费用处，如图 2.3.37 所示。

4	+ 1.2		靠脚手架安全挡板	项		清单组价			1	0	0
6	+ 1.3		密目式安全网	项		清单组价			1	0	0
8	+ 1.4		围尼龙编织布	项		清单组价			1	0	0
10	− MBZC001		模板的支架	t		可计量清单			0.001	2072640.78	2072.64
	GZC-001	补	钢支撑	kg					334.2969	6.2	2072.64
11	+ 1.6		施工现场围挡和临时占地围挡	项		清单组价			1	0	0
13	+ 1.7		施工围挡照明	项		清单组价			1	0	0

图 2.3.37

3. 概算人、材、机汇总及价差调整

（1）人、材、机汇总界面显示

在使用 GCCP6.0 软件进行概算计价时，对分部分项工程和技术措施项目中的人工、材料、机械（简称“人、材、机”）的价差调整是一个重要环节。这个过程确保了工程造价的准确性和时效性，因为材料价格、人工费率和机械台班费等会随着市场波动而变化。在 GCCP6.0 软件“人材机汇总”界面，软件自动将相应单位工程中的分部分项工程和技术措施项目所消耗的人、材、机相关信息进行分类汇总，方便用户进行人、材、机相关信息的查看及价差的调整。单击左侧的“所有人材机”，软件会显示工程消耗的所有人、材、机的相应信息，如图 2.3.38 所示。此外，分别单击“人工表”“材料表”“机械表”“设备表”和“主材表”，软件会自动汇总相应的人、材、机信息。

造价分析　工程概况　分部分项　措施项目　其他项目　人材机汇总　费用汇总　　不含税市场价合计:368712.61　价差合计:16948.29

所有人材机
- 人工表
- 材料表
- 机械表
- 设备表
- 主材表

主要材料表
三材汇总

	编码	类别	名称	规格型号	单位	数量	不含税预算价	不含税市场价	含税市场价	税率	不含税市场价合计	含税市场价合计	价差
1	00010010	人	人工费		元	115582.0186	1	1	1	0	115582.02	115582.02	
2	01010030	材	热轧圆盘条	Φ10以内	t	0.0037	3560.45	3560.45	4148.64	16.52	13.17	15.35	
3	01010040	材	螺纹钢筋	Φ25以内	t	16.0946	3547.15	3547.15	4133.14	16.52	57089.96	66521.24	
4	01010120	材	螺纹钢筋	Φ10以内	t	4.1943	3738.53	3738.53	4356.14	16.52	15680.52	18270.96	
5	01030017	材	镀锌低碳钢丝	Φ4.0	kg	87.3111	5.38	5.85	6.816	16.52	510.77	595.11	
6	01030031	材	镀锌低碳钢丝	Φ0.7~1.2	kg	77.3419	5.38	5.85	6.816	16.52	452.45	527.16	
7	01030035	材	镀锌低碳钢丝	Φ1.2~2.5	kg	3.0739	5.38	5.85	6.816	16.52	17.98	20.95	
8	01090023	材	圆钢	Φ10以内	kg	4.76	3.56	3.56	4.15	16.52	16.95	19.75	
9	01210001	材	角钢	综合	kg	6.2452	3.55	3.55	4.14	16.52	22.17	25.86	
10	01610020	材	钨棒		kg	0.4646	23.77	23.77	27.7	16.52	11.04	12.87	
11	02050260	材	密封胶圈		个	2.0395	13.33	13.33	15.53	16.52	27.19	31.67	
12	02270070	材	土工布		m2	165.946	6.69	6.69	7.8	16.52	1110.18	1294.38	
13	02290030	材	麻袋		个	3.6021	1.89	1.89	2.2	16.52	6.81	7.92	
14	02290130	材	幼麻筋(麻刀)		kg	0.4873	6.02	6.02	7.01	16.52	2.93	3.42	
15	03010215	材	木螺钉	M3.5×22~25	十套	62.4244	0.21	0.21	0.24	16.52	13.11	14.98	
16	03010320	材	螺母	综合	十个	4.8244	2.82	2.82	3.29	16.52	13.6	15.87	

图 2.3.38

表中反映的“数量”是指该人、材、机在本工程中的全部消耗量合计值；“不含税预算价”是指该人、材、机在概算定额中的定额基价；“不含税市场价”是指该人、材、机在目前概算编制时的市场价格，在没有调价之前，软件默认市场价与预算价相等；“不含税市场价合计”与“含税市场价合计”是指该人、材、机的“数量”与相对应的市场价的乘积。

（2）概算人、材、机的价差调整

GCCP6.0 软件提供的概算人、材、机价差的调整方法包括直接输入市场价调整、载价调整和调整市场价系数 3 种。

①直接输入市场价调整。用户可以直接在软件界面的"不含税市场价"栏中,针对选定的人(如工人工资)、材(如建筑材料)、机(如机械设备租赁费)等成本项目,输入最新的市场价格。软件会根据用户输入的市场价格,自动计算这些资源的市场价合计、与预算价之间的价差,以及所有调整后的价差合计。这大大减轻了手动计算的负担,提高了工作效率和准确性。为了记录价格调整的原因和依据,软件会在"价格来源"栏中自动标注为"自行询价",表明该价格是用户基于市场情况自行调整的。为了直观地展示哪些单价已经被修改,软件会将已调整的市场价数据以红色显示,这样用户就可以快速识别出哪些价格与原始预算价不一致,便于后续的审核和确认工作。

②载价调整。载价调整涉及将外部的价格文件(如市场价格文件、政府指导价文件等)载入到软件中,以便软件能够依据所载入价格文件中的相应人、材、机的名称、规格等信息,自动匹配并更新项目中的人、材、机的市场价格,从而计算出价差并进行相应的调整。在 GCCP6.0 软件界面,鼠标左键点击"人材机汇总",点击如图2.3.39 所示的"载价"→"批量载价",弹出如图2.3.40 所示的对话框。根据项目所处的城市以及所需要的时间进行选择后,点击"下一步",弹出如图 2.3.41 所示的对话框,再点击"下一步",弹出如图 2.3.42 所示的对话框,点击"完成"按钮即完成了信息价的载入。

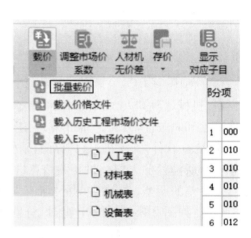

图 2.3.39

图 2.3.40

图 2.3.41

图 2.3.42

③调整市场价系数。对于二类辅助材料,在进行价差调整时往往采用系数法调差,即用材料定额基价乘以造价主管部门发布的调整系数进行价差调整。这种系数法调差可以通过 GCCP6.0 软件中的"调整市场价系数"进行,具体操作步骤是:选择需要进行调差的材料→单击工具栏中的"调整市场价系数"→在弹出的"调整市场价系数"对话框中输入新

039

的市场价系数→单击"确定"按钮,即可完成对所选材料的调差。例如,若将"低碳钢焊条"材料的价格在定额基价的基础上上调至1.35,具体操作如图2.3.43所示。

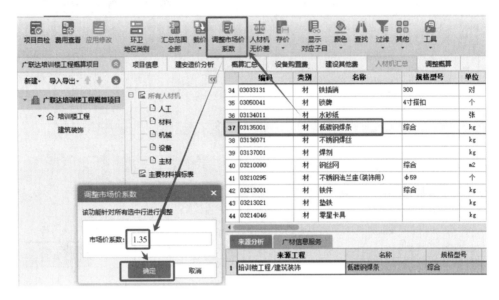

图 2.3.43

4. 单位工程概算建筑安装工程费的计算与汇总

按照概算定额计价的流程,完成人、材、机价差调整之后,还需要计算企业管理费、利润规费和税金,并汇总该单位工程的建筑安装工程费。

具体做法是:在单位工程界面,切换至"费用汇总"界面,软件会根据用户在新建单位工程时选择的该单位工程的专业,自动显示该专业单位工程建筑安装工程费的计算模板,如图2.3.44所示。

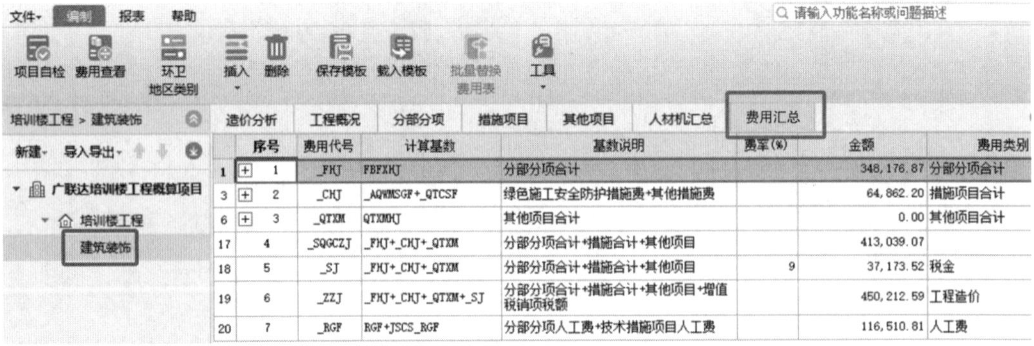

图 2.3.44

如果建筑安装工程费的计算模板有误,可以单击工具栏中的"载入模板",在弹出的对话框中选择合适的专业取费模板即可,如图2.3.45所示。

图 2.3.45

2.3.3 确定建设项目的设备购置费

《建设项目经济评价方法与参数》(第三版)对于建设投资中的工程费用确实有着详细的规定,其中除了需要计算建设项目中各单项工程的建筑安装工程费外,还需要计算设备及工器具购置费。这一规定在GCCP6.0软件中得到了很好的体现和应用,通过该软件可以快速实现建设项目设备购置费的计算与汇总,进而形成建设项目固定资产总投资的重要组成部分。

2.3.3 确定建设项目的设备购置费

按照《建设项目经济评价方法与参数》(第三版)以及国家对设备购置费的规定,结合发包人对建设项目设备购置的实际需求,GCCP6.0 软件将设备购置费分为国内采购设备和国外采购设备两种类型。这种分类有助于更准确地反映设备购置的实际成本,并便于后续的经济评价和分析。在"广联达培训楼工程概算项目"界面下进行设备购置费的计算,如图 2.3.46 所示。

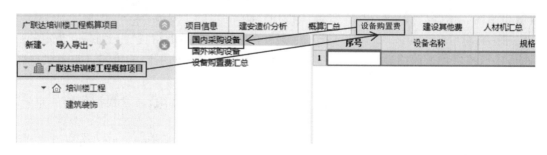

图 2.3.46

1. 国内采购设备购置费的计算

国内采购设备指的是在项目建设中,项目所有人选择面向国内供应商采购的国产设备。这些设备通常是在国内生产制造的,符合项目的技术要求和规格标准。

国内采购设备购置费主要由以下两部分构成:

(1)设备原价:这部分费用是设备购置费的主要部分,指的是设备的出厂价、供应价或交货价等。设备原价的具体数值取决于设备的型号、规格、性能、生产厂家以及市场供求情况等因素。在采购过程中,项目所有人通常会与多个供应商进行询价和比较,以选择性价比最高的设备。

(2)设备运杂费:这部分费用是设备从生产厂家或供应商处运送到项目现场所需支付的费用,包括运输费、装卸费、包装费、保险费等。设备运杂费的具体数额取决于设备的体积、重量、运输距离以及运输方式等因素。在计算设备运杂费时,项目所有人需要充分考虑各种因素,以确保设备能够安全、及时地运送到项目现场。

在GCCP6.0软件中,用户可以根据项目的实际情况输入设备原价和设备运杂费的相关参数,软件将自动计算并汇总国内采购设备的购置费。此外,软件还可以提供预设的费率或模板,以简化用户的输入过程并提高计算效率。

用户在计取国内采购设备购置费时,操作流程为:在"广联达培训楼工程概算项目"界面下,单击"设备购置费"→"国内采购设备",在工作区填写采购设备名称、规格型号等相关信息,软件即可根据用户输入的相关设备信息计算国内采购设备的采购价格。

需要注意的是,在计算国内采购设备购置费时,项目所有人应确保所有参数的准确性和合理性,以避免因计算错误而导致的经济损失。同时,还应关注市场价格的波动情况,及时调整设备原价和设备运杂费的预算,以确保项目投资的经济性和可行性。

2. 国外采购设备购置费的计算

在国际贸易中,特别是涉及大型设备或高科技产品的采购时,项目所有人往往需要从国外供应商处采购,以满足项目需求或技术规格。这种采购模式不仅涉及跨国交易,还包含了一系列复杂的费用计算。

(1)进口设备的到岸价(Cost Insurance and Freight,CIF):包括从装运港至目的港的海运费和运输保险费。可以理解为到岸价是通过离岸价格加上国际运费和运输保险费计算得出的。这部分费用是设备从出口国到进口国港口的主要成本。

(2)离岸价(Free on Board,FOB):指卖方在指定的装运港将货物交到买方指定的船只上,并承担货物上船前为止的一切费用和货物灭失或损坏的风险的价格。它是到岸价计算的基础。

(3)国际运费:将设备从出口国港口运至进口国港口的费用,通常根据货物的重量、体积、运输距离和运输方式(如海运、空运或陆运)来确定。

(4)运输保险费:货物在运输过程中可能遭受的损失或损害而购买保险的费用。

(5)进口从属费:包括银行财务费、外贸手续费、关税和进口环节增值税。

①银行财务费:与外汇结算相关的银行手续费,如电汇费、信用证开证费等。

②外贸手续费：按对外经济贸易部 1991 年颁布的《关于对外贸易代理制的暂行规定》，外贸企业代理国内委托进出口业务所收取的一种费用。

③关税：根据进口国海关的规定，对进口货物征收的税费。

④进口环节增值税：在进口环节对进口货物征收的增值税。

（6）国内运杂费：设备从进口国港口运至项目现场所需的运输、装卸、搬运、保险等费用。

在 GCCP6.0 软件中，用户需要输入更多的详细参数，如设备离岸价格、汇率、关税税率等，软件将根据这些参数计算并汇总国外采购设备的总费用。以广联达培训楼项目为例，项目需要从某国进口一套建筑物温控节能中央控制系统，输入设备名称、型号（如 GTCS170）、离岸价（如 4 万美元）等基本信息。

假设国际运费费率为 10%、海上运输保险费率为 0.3%、银行财务费率为 0.5%、外贸手续费率为 1.5%、关税税率为 22%、增值税税率为 17%、银行外汇牌价为 1 美元＝7.10 元人民币、国内设备运杂费费率为 3%，则利用 GCCP6.0 软件进行进口设备购置费计算的操作流程为：

第 1 步：单击“设备购置费”→“国外采购设备”，在工作区填写采购设备的相关信息（序号、编码、名称、规格型号、单位、数量和离岸价），如图 2.3.47 所示。

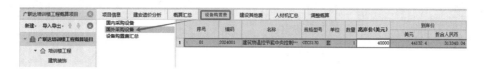

图 2.3.47

由于国外采购设备购置费的计算内容较多，需要分别计算上述各项费用，所以 GCCP6.0 软件提供了“进口设备单价计算器”，以方便用户快速完成进口设备购置费的计算。

第 2 步：单击工具栏中的“进口设备单价计算器”，在弹出的“进口设备单价计算器”对话框中，按照进口设备的取费要求填写相关计算信息，即可计算该进口设备的购置费。其中，由于国内运杂费的取费基数为进口设备的原价，而进口设备原价指的是抵岸价，所以应将国内运杂费的取费基数改为“LP”。如图 2.3.48 所示。

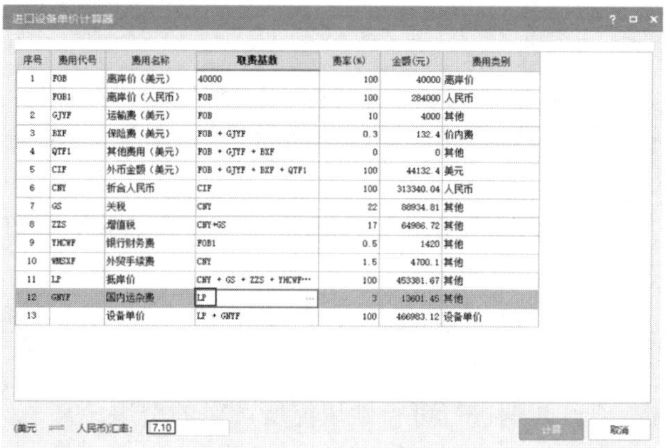

序号	费用代号	费用名称	取费基数	费率(%)	金额(元)	费用类别
1	FOB	离岸价（美元）	40000	100	40000	离岸价
	FOB1	离岸价（人民币）	FOB	100	284000	人民币
2	GJYF	运输费（美元）	FOB	10	4000	其他
3	BXF	保险费（美元）	FOB + GJYF	0.3	132.4	价内费
4	QTF1	其他费用（美元）	FOB + GJYF + BXF	0	0	其他
5	CIF	外币金额（美元）	FOB + GJYF + BXF + QTF1	100	44132.4	美元
6	CNY	折合人民币	CIF	100	313340.04	人民币
7	GS	关税	CNY	22	68934.81	其他
8	ZZS	增值税	CNY+GS	17	64986.72	其他
9	YHCWF	银行财务费	FOB1	0.5	1420	其他
10	WMSXF	外贸手续费	CNY	1.5	4700.1	其他
11	LP	抵岸价	CNY + GS + ZZS + YHCWF…	100	453381.67	其他
12	GNYF	国内运杂费	LP	3	13601.45	其他
13		设备单价	LP + GNYF	100	466983.12	设备单价

图 2.3.48

计算完成的进口设备购置费，如图 2.3.49 所示。

项目信息 | 建安造价分析 | 概算汇总 | 设备购置费 | 建设其他费 | 人材机汇总 | 调整概算

国内采购设备
国外采购设备
设备购置费汇总

	编码	名称	规格型号	单位	数量	离岸价(美元)	到岸价		单价(元)	合价(元)	备注
							美元	折合人民币			
1	2024001	建筑物温控节能中央控制…	GTCS170	套	1	40000	44132.4	313340.04	466983.12	466983.12	进口设备运杂费率3%

图 2.3.49

3. 工器具、生产家具购置费的计算与费用汇总

按照规定，工器具、生产家具购置费均以设备购置费（包括国内采购设备购置费和国外采购设备购置费）为基数，乘以相应的费率计算。GCCP6.0 软件提供了这些费用的快速计算方式，用户只需单击“设备购置费”→“设备购置费汇总”，在工作区分别输入设备及工器具购置费、生产家具购置费等相应费用的费率，软件即可自动计算相应费用并汇总建设项目的设备及工器具购置费，如图 2.3.50 所示。

项目信息 | 建安造价分析 | 概算汇总 | 设备购置费 | 建设其他费 | 人材机汇总 | 调整概算

国内采购设备
国外采购设备
设备购置费汇总

	序号	费用名称	计算基数	费率(%)	金额	备注
1	−	设备及工器具购置费			466983.12	
2	1	生产性设备购置费	SBF	100	466983.12	
3	2	工器具购置费	SBF	0	0	
4	3	交通运输设备购置费	SBF	0	0	
5	4	生产家具购置费	SBF	0	0	

图 2.3.50

2.3.4 确定建设项目的二类费用

2.3.4 确定建设项目的二类费用微课视频

建设项目的二类费用是构成建设工程总投资中除建筑安装工程费用、设备及工器具购置费之外的工程建设其他费用。该费用由发包人列支，包括建设用地费、与项目建设有关的其他费用和与未来生产经营有关的其他费用。这些费用不直接用于工程实体的建设，但对于项目的顺利实施和未来的运营至关重要。

（1）建设用地费

①土地出让金：支付给土地所有者或管理者的土地使用权出让金。

②土地征用及拆迁补偿费：包括土地征用费、耕地占用税、劳动力安置费及各种补偿费等。

③土地使用税：按国家规定，使用土地的单位和个人需缴纳的费用。

（2）与项目建设有关的其他费用

①建设管理费：包括建设单位管理费、工程监理费、工程招标代理费、工程造价咨询费等。

②可行性研究费：项目前期进行可行性研究所产生的费用。

③研究试验费：为项目提供或验证设计数据、资料等进行必要的研究试验及按要求在

建设过程中必须进行试验、验证所需的费用。

④勘察设计费：包括工程勘察、设计、施工图预算编制等费用。

⑤环境影响评价费：评估项目对环境可能产生的影响并提出减缓措施所需的费用。

⑥劳动安全卫生评价费：根据国家规定，为预测和分析建设项目存在的职业危险、危害因素的种类和危险危害程度，并提出先进、科学、合理可行的劳动安全卫生技术和管理对策所需的费用。

⑦场地准备及临时设施费：如"三通一平"（水通、电通、路通和场地平整）、临时办公室、临时宿舍、临时围墙等费用。

⑧引进技术和进口设备其他费：包括出国人员费用、国外工程技术人员来华费用、技术专利费、延期或分期付款利息等。

⑨工程保险费：包括建筑工程一切险、安装工程一切险和第三者责任险等。

⑩联合试运转费：新建企业或新增生产能力的扩建企业在竣工验收前，按照设计规定的工程质量标准，进行整个车间的负荷或无负荷联合试运转所发生的费用支出大于试运转收入的亏损部分。

⑪特殊设备安全监督检验费：根据《特种设备安全监察条例》的规定，锅炉、压力容器、压力管道、电梯、起重机械、客运索道、大型游乐设施在安装前或使用前，必须由国家特种设备安全监督管理部门核准的检验检测机构按照安全技术规范的要求进行监督检验，经监督检验合格后，方可出厂或者交付使用，监督检验费用由建设单位承担。

（3）与未来生产经营有关的其他费用

①生产准备费：包括生产人员培训费、提前进厂费、办公及生活家具购置费等。

②办公及生活家具购置费：为保证新建、改建、扩建项目初期正常生产、使用和管理所必须购置的办公和生活家具、用具的费用。

这些费用由发包人（通常是项目的投资者或建设单位）负责列支，并计入项目的总投资中。

（4）工程建设其他费用的计算方法

工程建设其他费用的计算方法主要包括以下三种：

①计算基数×费率

这种方式通常用于计算那些与项目总投资、建筑安装工程费用或其他特定基数成一定比例的费用，例如建设管理费、工程监理费、勘察设计费等。计算基数可以是项目的总投资额、建筑安装工程费用、设备购置费或其他指定的费用项目。

②数量×单价

这种方式通常用于计算那些可以明确计量数量并且单价确定的费用。无论是按市场价格还是行业指导价，只要能够明确所需物品或服务的数量和单价，就可以通过"数量×单价"的方式来计算费用。例如，场地准备及临时设施费中的临时办公室、临时宿舍的搭建费用，就可以根据所需搭建的面积（数量）和每平方米的单价来计算。同样，环境影响评价费、劳动安全卫生评价费等也可以根据评价工作的复杂程度、所需时间等因素来确定服务单价和总价。

③总价

这种方式适用于那些无法直接通过计算基数或数量来确定具体费用的项目,或者当费用已经由市场或相关部门明确给出时。例如,某些特殊设备的安全监督检验费可能由特定的检验机构根据设备的类型、规格和检验要求直接给出总价;又如,某些生产准备费中的办公及生活家具购置费,如果采购清单和价格已经确定,也可以直接以总价的形式计入费用。

在实际操作中,具体采用哪种取费方式取决于费用的性质和项目的具体情况。同时,还需要注意遵循相关行业主管部门的规定并关注市场价格的变化,以确保费用的合理性和准确性。

GCCP6.0软件将建设项目中的各项费用进行了详细的分类,并特别关注了"工程建设其他费"这一部分。这些费用包括但不限于土地使用费、建设单位管理费、勘察设计费、研究试验费、建设单位临时设施费、工程监理费、工程保险费、工程保修费、引进技术和进口设备其他费、工程承包费等。这些费用都是与工程项目建设相关的,但不直接计入建筑安装工程费和设备及工器具购置费的额外费用。对于"工程建设其他费"中的各项费用,GCCP6.0软件遵循行业规范和地区主管部门的具体要求,明确了费用的计价依据和计算方式。具体来说,软件会根据费用的性质,给出相应的计价依据提示。这些依据可能来源于国家、地方或行业的法律法规、标准规范等。用户可以通过软件内置的查询功能,快速找到并查看相关费用的计价依据,确保费用的计算有据可依。

在选择计算方式时:

对于有相关部门明确规定以"计算基数×费率"方式计价的费用,软件会给出默认的计算基数、计算方式及费率,用户只需输入相应的计算基数,软件即可自动计算出费用金额。

对于以"数量×单价"方式计价的费用,软件同样会提供数量输入和单价查询的功能,用户输入数量后,软件会根据查询到的单价自动计算出费用金额。如图 2.3.51 所示。

图 2.3.51

对没有相关部门明确规定的其他项目费,GCCP6.0软件提供了"单价＊数量""计算基数＊费率""手动输入"和"费用计算器"4种计算方式,用户可以根据费用实际发生情况选择,如图2.3.52所示。

图 2.3.52

2.3.5 确定建设项目的三类费用并汇总建设项目概算总投资

在完成建设项目中各单项工程的建筑安装工程费、设备及工器具购置费以及工程建设其他费用之后,按照《建设项目经济评价方法与参数》(第三版)的要求,计算建设项目概算总投资还需要进一步计算建设项目的预备费、建设期利息,并在生产或经营性建设项目中计算项目的铺底流动资金。以下是对这些费用计算的详细解释:

2.3.5 确定三类费用并汇总建设项目概算总投资微课视频

（1）预备费

预备费是指在初步设计和概算中难以预料的工程费用,包括基本预备费和价差预备费。

①基本预备费:主要用于工程变更及合同价格调整产生的费用、一般自然灾害造成的损失以及预防自然灾害所采取的措施费用等。其计算通常按照工程费用（包括建筑安装工程费、设备及工器具购置费）和其他费用之和的一定比例进行,具体比例根据行业规定和项目特点确定。

②价差预备费:主要用于在建设期内因价格等变化引起工程造价增减的预留费用。其计算方法根据建设期各年度造价的变化情况、变化预测以及调整方法等因素确定。

（2）建设期利息

建设期利息是指项目借款在建设期内发生并应计入固定资产投资的利息。在项目建设期间,建设单位可能需要通过贷款等方式筹集资金,这些资金在建设期内产生的利息即为建设期利息。其计算通常根据贷款金额、贷款利率、贷款期限以及还款方式等因素确定。

（3）铺底流动资金

铺底流动资金是指生产或经营性建设项目为保证生产和经营正常进行,按规定应列入建设项目总投资的铺底周转资金。它是项目投产后,为进行正常生产经营活动所必需的最基本的周转资金数额。铺底流动资金一般包括短期日常营运费用、人工费用、购货费用、水费、电费以及电话费等开支。其金额一般按项目建成后所需全部流动资金的30%计算。

（4）汇总建设项目概算总投资

GCCP6.0软件在建设项目界面下的"概算汇总"中,向用户提供了汇总建设项目概算总投资的工作界面,其中包含了预备费、建设期利息和铺底流动资金的内容,如图 2.3.53 所示。

图 2.3.53

概算总投资作为工程建设项目的最高总投资额,其编制的准确性对于投资人的投资决策以及工程在建设过程中的投资控制具有至关重要的影响。因此,在完成整个建设项目的概算总投资编制之后,进行严格的检查以确保各项费用计算的正确性是非常必要的。

GCCP6.0 软件提供了"项目自检"功能,用于协助用户检查各项费用编制的准确性。"项目自检"功能分布在单位工程、单项工程和建设项目各级的概算编制中,用户可以按照需求在各级概算编制完成后,检查该级概算编制的准确性。项目自检的操作流程为:单击工具栏中的"项目自检"→选择需要检查的相应级别的概算→设置检查项→执行检查→对检查出的问题逐一选择,双击定位后复核、修改,如图 2.3.54 所示。

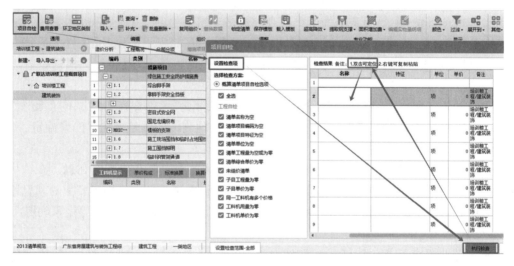

图 2.3.54

完成项目自检后,用户还需要编制建设项目的项目信息,根据项目的实际情况填写项目信息,完成编制说明等。单位工程概况的编制同项目信息的编制,如图 2.3.55 所示,这里不再赘述。

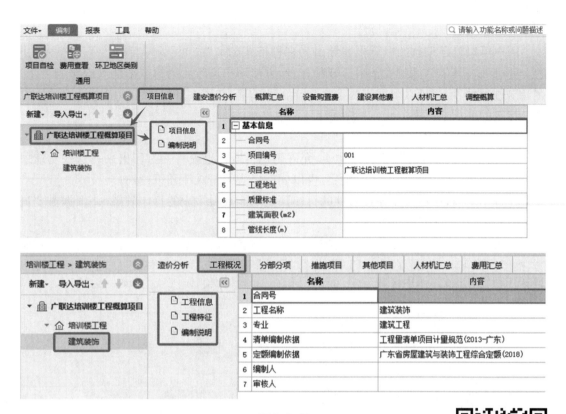

图 2.3.55

2.3.6 预览和输出概算报表

当用户完成了建设项目各级概算文件的编制之后,GCCP6.0 软件向用户提供了各级概算报表的预览和输出(导出、打印)服务。这一功能旨在方便用户根据实际需求预览和输出所需的概算报表,从而提高工作效率和满足不同的报告需求。以下是关于这一功能的详细解释:

2.3.6 预览和输出概算报表 微课视频

(1)预览报表

在 GCCP6.0 软件中,用户可以随时预览已编制的各级概算报表。预览功能允许用户在不离开软件界面的情况下,直接查看报表的布局、内容和格式,确保报表的准确性和美观。通过预览,用户可以及时发现并纠正报表中的错误或不足之处,从而避免在最终输出时出现问题。如图 2.3.56 所示。

(2)输出报表

GCCP6.0 软件支持多种报表输出方式,包括导出和打印,以满足用户的不同需求。

图 2.3.56

①导出报表

用户可以将已编制的概算报表导出为多种格式的文件,如 Excel、PDF 等。这些导出的文件可以在其他软件或设备中打开和查看,方便用户进行后续的数据处理或报告展示。在导出过程中,用户可以根据需要选择导出的报表范围、格式和选项,以确保导出的文件符合特定的要求或标准。

②打印报表

GCCP6.0 软件还提供了打印功能,允许用户将概算报表直接打印出来。这一功能对于需要纸质报告的用户来说尤为重要,可以确保报告的正式性和可读性。

在打印之前,用户可以通过软件的打印预览功能查看报表的打印效果,并根据需要进行调整和优化。

报表输出(导出、打印)的操作流程:将工作界面切换至"报表"→按需要单击工具栏中的"批量导出 Excel""批量导出 PDF"或者"批量打印"→在弹出的对话框中选择需要导出或者打印的报表→单击"打印"按钮即可,如图 2.3.57 所示。

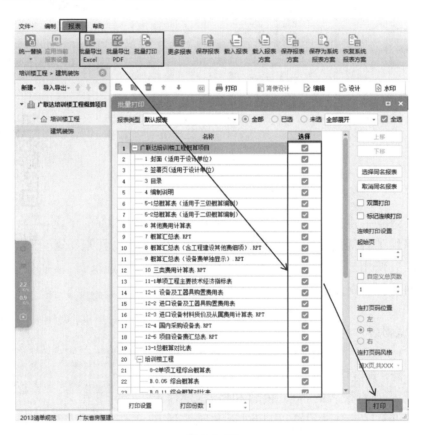

图 2.3.57

(3)选择与定制报表类型

GCCP6.0 软件提供了多种类型的概算报表,包括但不限于总概算表、单项工程概算表、单位工程概算表等。用户可以根据项目的实际情况和报告需求选择合适的报表类型。

此外，软件还支持用户自定义报表模板和格式。用户可以根据自己的需求调整报表的布局、字段和样式，以生成符合特定要求的报表。这一功能大大提高了报表的灵活性和个性化程度。

综上所述，GCCP6.0软件通过提供各级概算报表的预览和输出（导出、打印）服务，为用户提供了极大的便利。用户可以随时查看报表的预览效果，并根据需要导出或打印报表。同时，软件还支持多种报表类型和定制功能，以满足用户的不同需求。这些功能共同构成了GCCP6.0软件在概算编制和报告输出方面的强大优势。

模块三

BIM 在招投标阶段的造价管理

任务 3.1

招标工程量清单编制

知识目标

（1）掌握 GCCP6.0 软件新建招标项目。
（2）掌握 GCCP6.0 软件编制招标文件的流程。

能力目标

（1）能熟练应用 GCCP6.0 软件进行量价一体化的工程导入。
（2）能熟练应用 GCCP6.0 软件进行 Excel 工程量清单导入。
（3）能熟练应用 GCCP6.0 软件进行招标清单的编制。
（4）能够生成电子标文件。

思政素质目标

（1）培养学生融会贯通的学习意识。
（2）培养学生的造价逻辑思维。
（3）培养学生精益求精的学习精神。

GCCP6.0 软件，是定额的电子版和拓展版。根据广东省定额，工程造价费用由分部分项工程费、措施项目费、其他项目费、税金四部分组成。

GCCP6.0 软件的费用设置，无论是投标费用还是招标控制价以及工程结算费用等不同的造价模式，都是以这四部分费用为主线来进行编制。GCCP6.0 软件的操作界面同样也是按照这四部分费用来进行设置。因此，在通过 GCCP6.0 软件编制造价费用文件的过程中，分部分项工程费用编制、措施项目费用编制、其他项目费用编制、税金费用编制这四部分费用是逻辑主线。掌握这条逻辑主线，对编制工程造价费用文件和软件的操作应用具有至关重要的作用。

图 3.1.1

3.1.1 新建招标项目

在电脑程序中，找到"广联达建设工程造价管理整体解决方案"，鼠标左键双击"广联达云计价平台 GCCP6.0"图标，启动软件，如图 3.1.1 所示。

在"新建预算"中找到"招标项目",该项目拟采用清单计价的模式进行编制。在"工程名称"中输入"广联达培训楼工程-招标",这里需要注意的是"清单库"和"定额库"的选择要和 GTJ2025 软件中设置的清单库和定额库的规则保持一致。"地区标准"选择"广东 13 清单规范(3.0 接口)","定额标准"选择"广东省 2018 序列定额","价格文件"选择"广州信息价(2024 年 04 月)","计价方式"选择"增值税(一般计税方法)"。在选择完毕后,点击"立即新建"按钮,如图 3.1.2 所示。

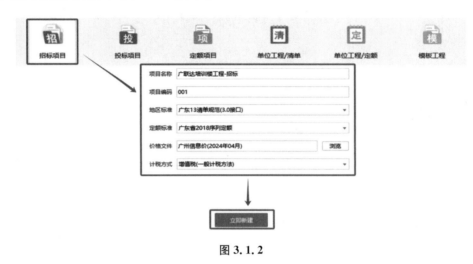

图 3.1.2

在弹出的页面中,修改左侧导航栏中的"单项工程"和"单位工程",按照图纸和项目实际运营情况编辑"项目信息"。如图 3.1.3 所示。

图 3.1.3

快速双击"单项工程",将其改为"广联达培训楼工程",单击"单位工程",选择"建筑工程",在"项目信息"的对话框中,对图 3.1.4 中方框指示的属性进行修改。

图 3.1.4

3.1.2 编制分部分项工程量清单

在编制招标文件时,项目往往已经通过广联达 BIM 土建计量平台 GTJ2025 软件进行了建模算量。这里讲述两种编制分部分项工程量清单的方式。

在左边的导航栏选中"建筑工程",在右边的费用栏选中"分部分项"后,会弹出"导入Excel/工程"和"量价一体化"的功能,如图 3.1.5 所示。

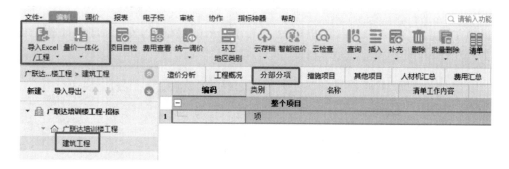

图 3.1.5

1. 通过"量价一体化"进行导入

进行软件绘图操作和表格操作的目的是计算工程量。在 GTJ2025 软件中,套用做法清单即可算出该清单的工程量。该项目在 GTJ2025 建模算量的项目——"广联达培训楼工程"中已经对清单和定额进行了做法套用,因此通过"量价一体化"导入的算量文件,既有清单项,又有定额做法。

点击"量价一体化"按钮,会出现"导入算量文件"界面,如图 3.1.6 所示;根据 GTJ 算

057

量文件所在的硬盘位置,进行查找导入,如图3.1.7所示。

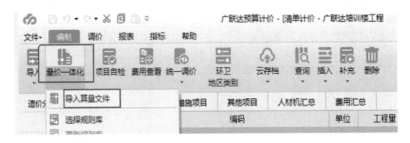

图3.1.6

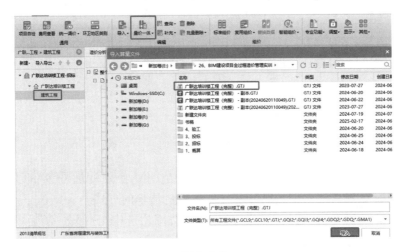

图3.1.7

鼠标左键点击"导入"之后,弹出如图3.1.8所示的对话框,在对话框中,选中"3-培训楼工程"前面的圆圈之后,点击"确定"。

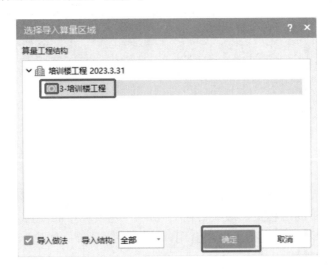

图3.1.8

在弹出的如图 3.1.9 和图 3.1.10 所示的“算量工程文件导入”的对话框中，鼠标左键点击“清单项目”和“措施项目”，将“清单项目”和“措施项目”下的清单项和措施项进行全选后，点击“导入”。

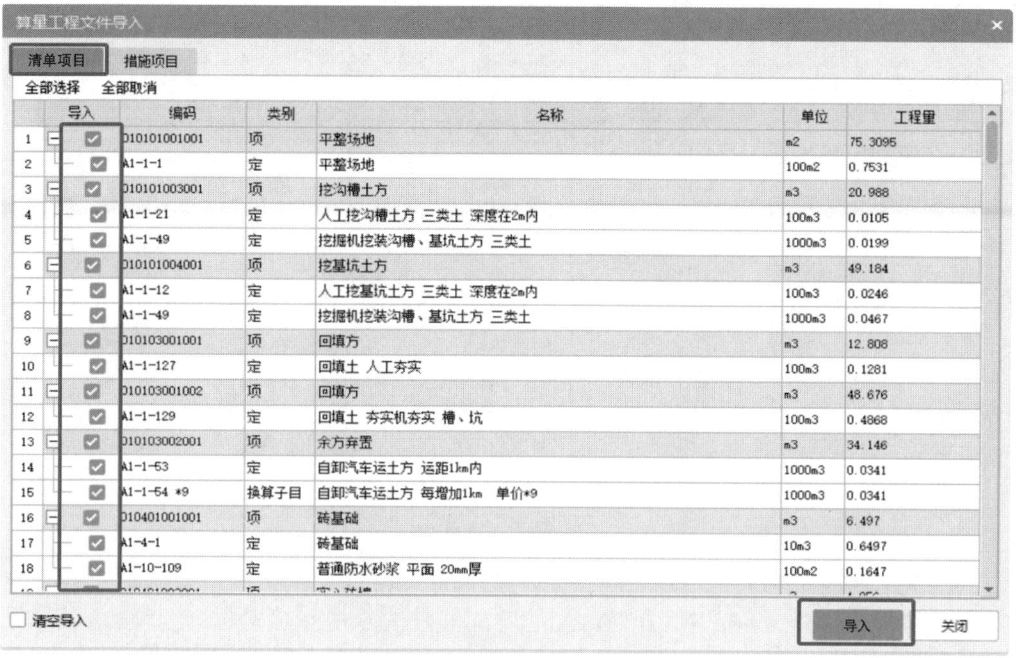

	导入	编码	类别	名称	单位	工程量
1	☑	010101001001	项	平整场地	m2	75.3095
2	☑	A1-1-1	定	平整场地	100m2	0.7531
3	☑	010101003001	项	挖沟槽土方	m3	20.988
4	☑	A1-1-21	定	人工挖沟槽土方 三类土 深度在2m内	100m3	0.0105
5	☑	A1-1-49	定	挖掘机挖装沟槽、基坑土方 三类土	1000m3	0.0199
6	☑	010101004001	项	挖基坑土方	m3	49.184
7	☑	A1-1-12	定	人工挖基坑土方 三类土 深度在2m内	100m3	0.0246
8	☑	A1-1-49	定	挖掘机挖装沟槽、基坑土方 三类土	1000m3	0.0467
9	☑	010103001001	项	回填方	m3	12.808
10	☑	A1-1-127	定	回填土 人工夯实	100m3	0.1281
11	☑	010103001002	项	回填方	m3	48.676
12	☑	A1-1-129	定	回填土 夯实机夯实 槽、坑	100m3	0.4868
13	☑	010103002001	项	余方弃置	m3	34.146
14	☑	A1-1-53	定	自卸汽车运土方 运距1km内	1000m3	0.0341
15	☑	A1-1-54 *9	换算子目	自卸汽车运土方 每增加1km 单价*9	1000m3	0.0341
16	☑	010401001001	项	砖基础	m3	6.497
17	☑	A1-4-1	定	砖基础	10m3	0.6497
18	☑	A1-10-109	定	普通防水砂浆 平面 20mm厚	100m2	0.1647

图 3.1.9

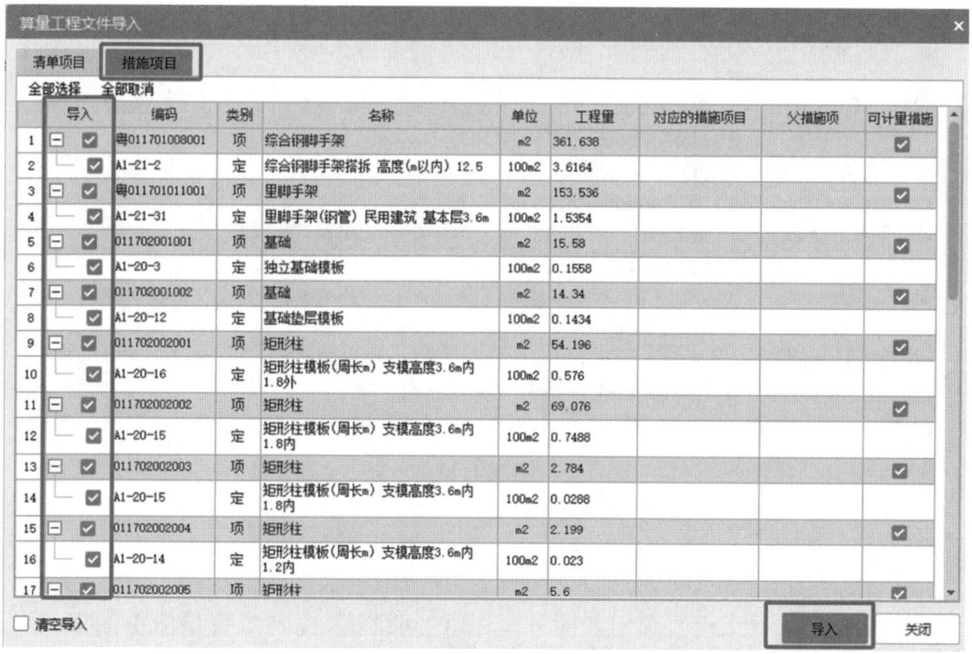

	导入	编码	类别	名称	单位	工程量	对应的措施项目	父措施项	可计量措施
1	☑	粤011701008001	项	综合钢脚手架	m2	361.638			☑
2	☑	A1-21-2	定	综合钢脚手架搭拆 高度(m以内) 12.5	100m2	3.6164			
3	☑	粤011701011001	项	里脚手架	m2	153.536			☑
4	☑	A1-21-31	定	里脚手架(钢管) 民用建筑 基本层3.6m	100m2	1.5354			
5	☑	011702001001	项	基础	m2	15.58			☑
6	☑	A1-20-3	定	独立基础模板	100m2	0.1558			
7	☑	011702001002	项	基础	m2	14.34			☑
8	☑	A1-20-12	定	基础垫层模板	100m2	0.1434			
9	☑	011702002001	项	矩形柱	m2	54.196			☑
10	☑	A1-20-16	定	矩形柱模板(周长m) 支模高度3.6m内 1.8外	100m2	0.576			
11	☑	011702002002	项	矩形柱	m2	69.076			☑
12	☑	A1-20-15	定	矩形柱模板(周长m) 支模高度3.6m内 1.8内	100m2	0.7488			
13	☑	011702002003	项	矩形柱	m2	2.784			☑
14	☑	A1-20-15	定	矩形柱模板(周长m) 支模高度3.6m内 1.8内	100m2	0.0288			
15	☑	011702002004	项	矩形柱	m2	2.199			☑
16	☑	A1-20-14	定	矩形柱模板(周长m) 支模高度3.6m内 1.2内	100m2	0.023			
17	☑	011702002005	项	矩形柱	m2	5.6			☑

图 3.1.10

通过以上步骤导入完毕后,清单项和措施项就会自动识别到如图3.1.11所示的"分部分项"栏和如图"3.1.12"所示"措施项目"栏中。

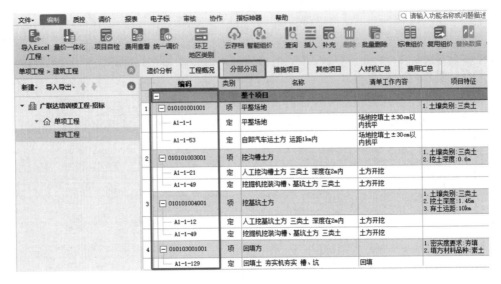

图 3.1.11

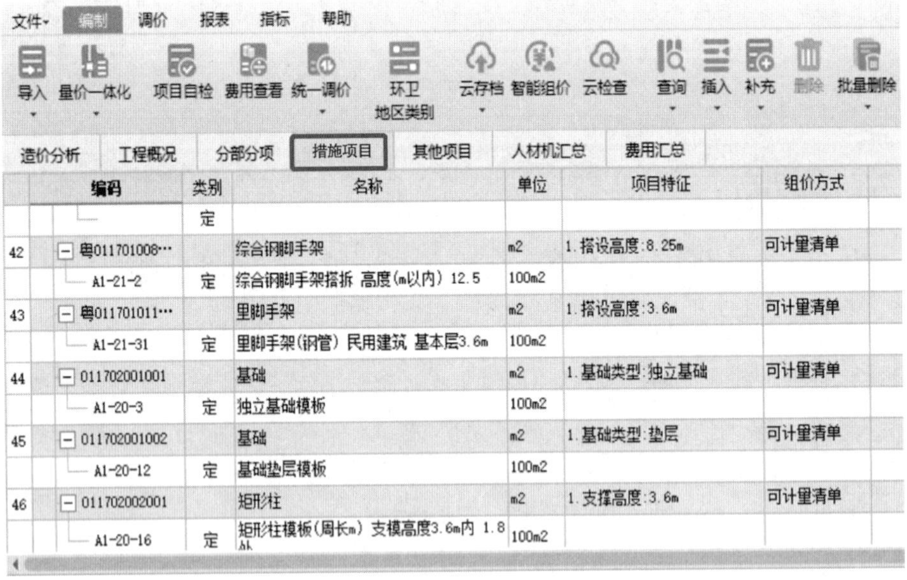

图 3.1.12

2. 通过"导入 Excel/工程"进行导入

点击"导入 Excel/工程",弹出如图3.1.13的对话框,找到工程量清单的Excel文件所在位置,进行选择后点击"导入"。

图 3.1.13

在弹出的对话框中检查列名称和行名称与内容是否相符。确认无误后点击"导入",按照提示分别选择"否""结束导入"即可,如图 3.1.14 所示。

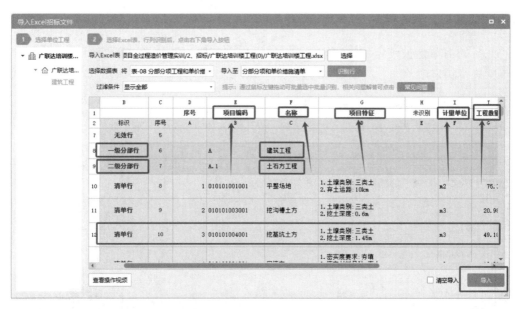

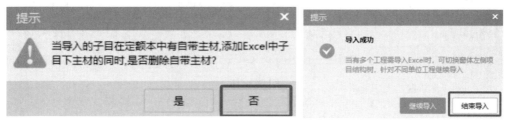

图 3.1.14

导入完成后的界面如图 3.1.15 所示。编制招标工程量清单的目的是让投标人能有一个统一的、标准的清单进行报价,项目特征是投标人进行组价的重要依据,因此,填写项目特征时务必根据规范和图纸要求进行详尽的描述。

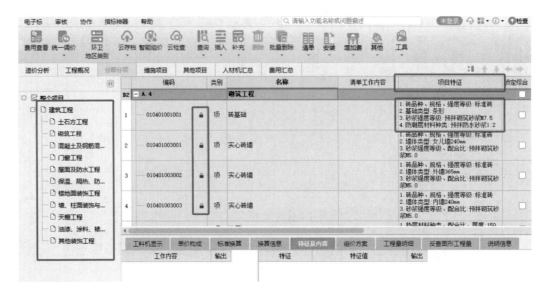

图 3.1.15

此时的清单是被锁定的,不能进行任何操作。若要更改清单,需要按照图 3.1.16 所示步骤进行锁定解除。

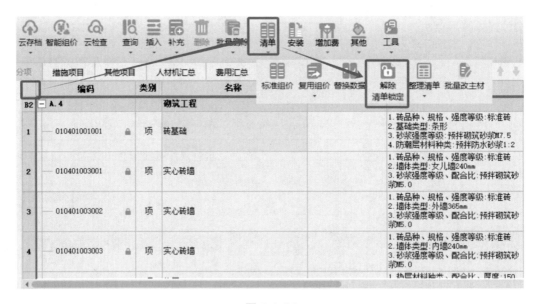

图 3.1.16

3.1.3 编制措施项目工程量清单

通过上一步"导入 Excel/工程"进行清单导入后,在左侧的导航栏选中"建筑工程",在中部的费用栏选择"措施项目",滑动鼠标至第 42 行,如图 3.1.17 所示,进行措施项目工程量清单的编制。

图 3.1.17

鼠标左键选中第 42 行和第 43 行的脚手架清单,鼠标右键选择"剪切",选中"1.1 综合脚手架"下的第 2 行(关键:点中"2"这个数字),右键粘贴脚手架清单工程量,如图 3.1.18 所示。

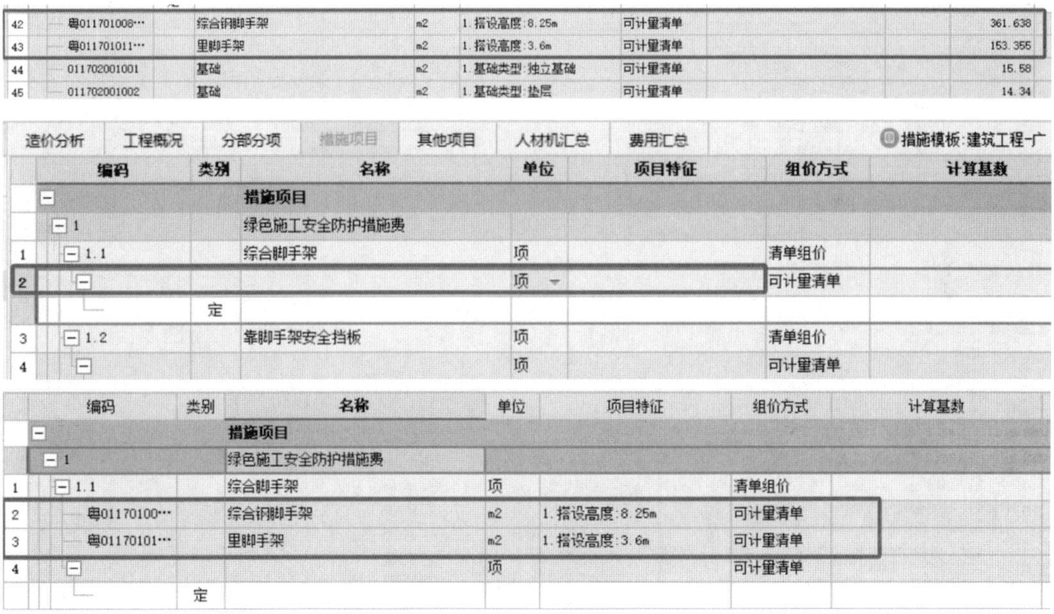

图 3.1.18

鼠标左键选中第 44 行到第 66 行的模板清单,鼠标右键选择"剪切",找到"2.5 模板工程",在第 35 行(关键:点中"35"这个数字)右键粘贴模板工程的清单工程量,如图 3.1.19 所示。

编码	类别	名称	单位	项目特征	组价方式	计算基数	费率(%)	工程量
44	011702001001		基础	m2	1.基础类型:独立基础	可计量清单			15.58
45	011702001002		基础	m2	1.基础类型:垫层	可计量清单			14.34
46	011702002001		矩形柱	m2	1.支撑高度:3.6m	可计量清单			54.196
47	011702002002		矩形柱	m2	1.支撑高度:3.6m	可计量清单			69.076
48	011702002003		矩形柱	m2	1.支撑高度:2.25m	可计量清单			2.199
49	011702002004		矩形柱	m2	1.支撑高度:2.25m	可计量清单			2.784
50	011702002005		矩形柱	m2	1.支撑高度:1.3m	可计量清单			5.6
51	011702002006		矩形柱	m2	1.支撑高度:1.3m	可计量清单			7.28
52	011702003001		构造柱	m2	1.截面形状:矩形	可计量清单			3.1104
53	011702005001		基础梁	m2	1.梁截面形状:矩形	可计量清单			48.1
54	011702006001		矩形梁	m2	1.支撑高度:3.6m	可计量清单			83.783
55	011702006002		矩形梁	m2	1.支撑高度:3.6m	可计量清单			30.1637
56	011702009001		过梁	m2	1.截面形状:矩形	可计量清单			17.646
57	011702009002		过梁	m2	1.截面形状:矩形	可计量清单			2.976
58	011702014001		有梁板	m2	1.支撑高度:3.6m	可计量清单			110.4286
59	011702021001		栏板	m2	1.栏板高度:100mm	可计量清单			12.312
60	011702023001		雨篷、悬挑板、阳台板	m2	1.构件类型:雨篷 2.板厚度:100mm	可计量清单			25.896
61	011702023002		雨篷、悬挑板、阳台板	m2	1.构件类型:阳台板 2.板厚度:100mm	可计量清单			5.472
62	011702024001		楼梯	m2	1.类型:双跑楼梯	可计量清单			6.6402
63	011702025001		其他现浇构件	m2	1.构件类型:压顶	可计量清单			6.3432
64	011702025002		其他现浇构件	m2	1.构件类型:反檐	可计量清单			16.784
65	011702027001		台阶	m2	1.台阶踏步宽:300mm	可计量清单			3.54
66	011702029001		散水	m2	1.构件类型:散水	可计量清单			3.67

编码	类别	名称	单位	项目特征	组价方式	计算基数	费率(%)	工程量
		定						0
29	LSSGCSF00001	绿色施工安全防护措施费	项		计算公式组价	RGF+JXF	19	1
	− 2	措施其他项目						
30	WMGDZJF00001	文明工地增加费	项		计算公式组价	RGF+JXF	0	1
31	011707002001	夜间施工增加费	项		计算公式组价		20	1
32	GGCSF0000001	赶工措施费	项		计算公式组价	RGF+JXF	0	1
33	QTFY00000001	其他费用	项		计算公式组价			1
34	− 2.5	模板工程	项		清单组价			1
35	−				可计量清单			1
		定						0
36	− 2.6	垂直运输工程	项		清单组价			1

编码	类别	名称	单位	项目特征	组价方式	计算基数	费率(%)	工程量
33	QTFY00000001		其他费用	项		计算公式组价			1
34	− 2.5		模板工程	项		清单组价			1
35	011702001001		基础	m2	1.基础类型:独立基础	可计量清单			15.58
36	011702001002		基础	m2	1.基础类型:垫层	可计量清单			14.34
37	011702002001		矩形柱	m2	1.支撑高度:3.6m	可计量清单			54.196
38	011702002002		矩形柱	m2	1.支撑高度:3.6m	可计量清单			69.076
39	011702002003		矩形柱	m2	1.支撑高度:2.25m	可计量清单			2.199
40	011702002004		矩形柱	m2	1.支撑高度:2.25m	可计量清单			2.784
41	011702002005		矩形柱	m2	1.支撑高度:1.3m	可计量清单			5.6
42	011702002006		矩形柱	m2	1.支撑高度:1.3m	可计量清单			7.28
43	011702003001		构造柱	m2	1.截面形状:矩形	可计量清单			3.1104
44	011702005001		基础梁	m2	1.梁截面形状:矩形	可计量清单			48.1
45	011702006001		矩形梁	m2	1.支撑高度:3.6m	可计量清单			83.783
46	011702006002		矩形梁	m2	1.支撑高度:3.6m	可计量清单			30.1637
47	011702009001		过梁	m2	1.截面形状:矩形	可计量清单			17.646
48	011702009002		过梁	m2	1.截面形状:矩形	可计量清单			2.976
49	011702014001		有梁板	m2	1.支撑高度:3.6m	可计量清单			110.4286
50	011702021001		栏板	m2	1.栏板高度:100mm	可计量清单			12.312

图 3.1.19

3.1.4 编制其他项目工程量清单

在 GCCP6.0 软件的广东省计价模式中,其他项目共有 9 项组成,如图 3.1.20 所示。在这里重点讲述计日工费用的编制。计日工费用是为了解决现场发生的工程合同范围以外的零星工作或项目的计价而设立的,为额外工作的计价提供了一个方便快捷的途径。其对完成零星工作所消耗的人工工时、材料数量、机具台班进行计量,并按照计日工表中填报的适用项目单价进行计价支付。编制计日工费用表格时,一定要给出暂定数量,并且需要根据经验,尽可能估算一个比较贴近实际的数量,尽可能把项目列全,以消除可能因此而产生的争议。

图 3.1.20

在左侧导航栏选中"计日工费用",中部费用栏选中"其他项目",鼠标左键点中"1.1"后,在上部菜单栏选择"插入"→"插入费用行",如图 3.1.21 所示。

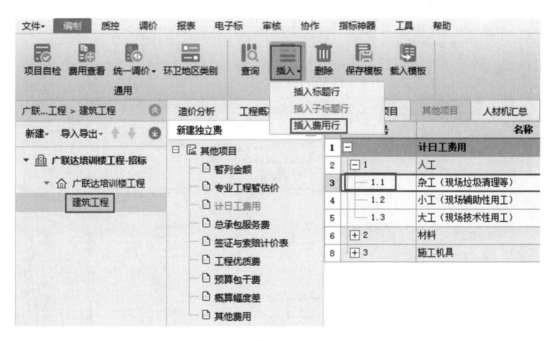

图 3.1.21

在这里,发包人拟定计日工的种类和数量,由投标人根据计日工的数量和项目情况进行报价,如图 3.1.22 所示。

图 3.1.22

3.1.5 生成电子招标文件

在上部的菜单栏选中"电子标"→"生成招标书",在弹出的"提示"对话框中点击"确定",选择导出位置以及标书类型后,点击"确定"就完成了电子招标文件的编制。找到存储路径后就能看到后缀为".COS"的电子招标书。如图 3.1.23 所示。

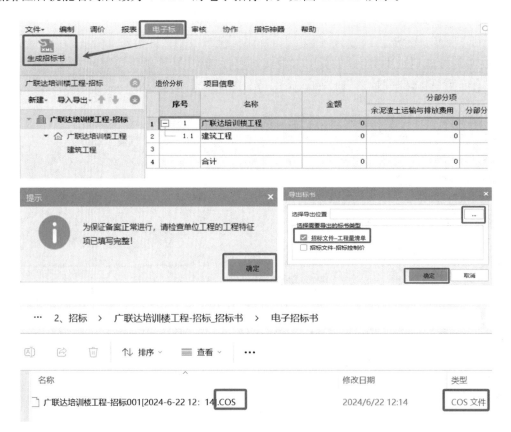

图 3.1.23

任务 3.2

投标报价编制

知识目标

(1) 掌握 GCCP6.0 软件新建投标项目。
(2) 掌握 GCCP6.0 软件进行组价。
(3) 掌握 GCCP6.0 编制投标报价文件的流程。

能力目标

(1) 能熟练应用 GCCP6.0 软件进行招标文件导入。
(2) 能进行分部分项费用、措施项目费用、其他项目费用的组价。
(3) 能熟练应用 GCCP6.0 软件进行未计价材料的换算。
(4) 能够生成电子投标文件。

思政素质目标

(1) 培养学生节约造价成本的意识。
(2) 培养学生的专业沟通能力。
(3) 培养学生精益求精的学习精神。

3.2.1 导入电子招标文件

鼠标双击"广联达云计价平台 GCCP6.0"图标,启动软件,在左侧的导航栏选择"新建预算",点击"投标项目"后,点击"浏览"。如图 3.2.1 所示。

在弹出的对话框中,找到本书中第 3.1.5 节电子招标书的保存路径,选择后缀为".COS"的电子招标书,点击"打开"。如图 3.2.2 所示。

电子招标书的编制由发包人负责。在投标人获取了统一的电子招标文件后,不同的投标人按照统一的电子招标文件进行投标报价的编制。不同的投标人其企业施工水平、现代化水平、管理水平等不一致会导致投标报价的不同,但因为招标文件清单是由招标人统一发放的,所以这时只有价差的区别。

按照以上操作方式,即可完成电子招标书的导入,如图 3.2.3 所示。

图 3.2.1

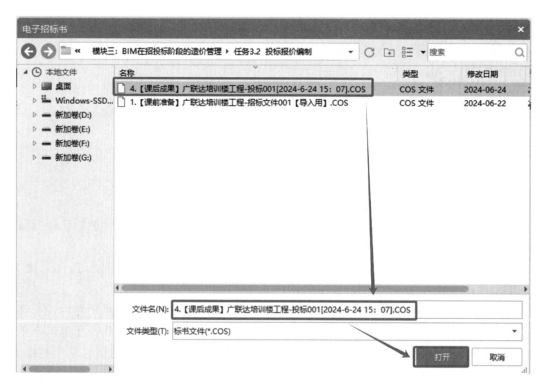

图 3.2.2

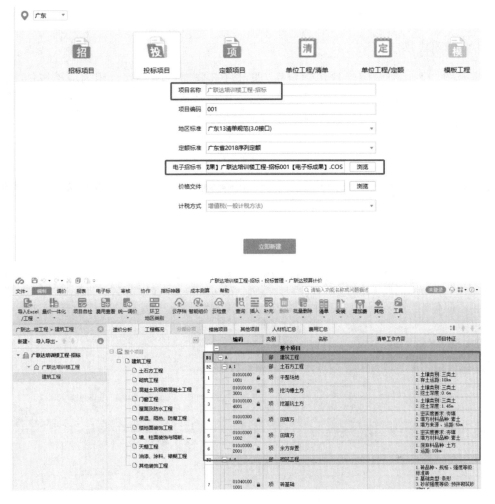

图 3.2.3

3.2.2 编制分部分项工程费用

投标报价的编制,应首先根据招标人提供的工程量清单编制分部分项工程和措施项目清单、计价表,其他项目清单、计价表,规费、税金项目计价表,编制完成后,汇总得到单位工程投标报价汇总表,再逐级汇总,分别得出单项工程投标报价汇总表和建设项目投标报价汇总表。

承包人投标报价中的分部分项工程费和以单价计算的措施项目费,应按招标文件中分部分项工程和单价措施项目清单、计价表的特征描述确定综合单价计算。因此,确定综合单价是分部分项工程和单价措施项目清单、计价表编制过程中最主要的内容。综合单价包括完成一个规定清单所需的人工费、材料和工程设备费、施工机具使用费、企业管理费、利润,并考虑风险费用的分摊。不同的投标人有不同的企业内部定额,因此投标报价也会存在差异。本书根据《广东省房屋建筑与装饰工程综合定额(2018)》进行综合单价的组价编制。分部分项工程费用的编制将按照先套定额,再进行

3.2.2 编制分部分项
工程费用 微课视频

未计价材料换算的思路来进行。

1. 定额套用

按照图3.2.4所示解除清单锁定后,即可进行分部分项工程费用的清单组价。在这里需要特别注意的是,投标人在进行组价时,如果遇到招标工程量清单不准确或者有误的地方,是不能自行修改的;必须经过招标人认可同意后,由招标人通知所有投标人进行统一修改。

以"A.1 土石方工程"中的"平整场地"为例,在上部费用栏选择"分部分项",左侧导航栏选择"土石方工程",鼠标左键选中第1行"010101001001 平整场地"后,点击菜单栏"插入"→"插入子目"后,就会出现一条类别为"定"的子目,如图3.2.5所示。

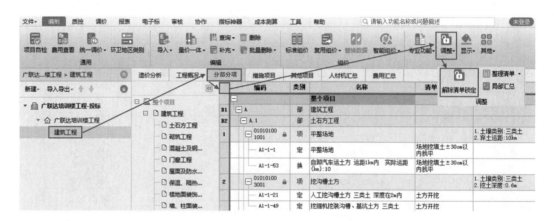

图3.2.4

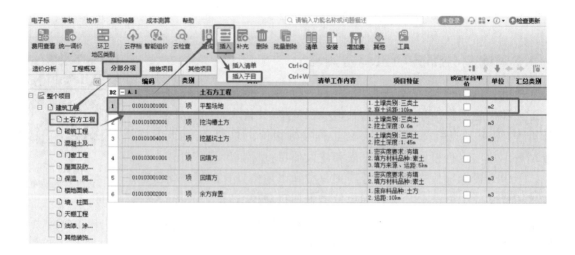

图 3.2.5

点击如图 3.2.6 所示的空白处，会弹出"查询"对话框，按顺序点击"定额"→"广东省房屋建筑与装饰工程综合定额(2018)"→"A.1.1.1 土方工程"→"1 平整场地、原土打夯"→"A1-1-1 平整场地"→"替换"即可完成定额套用。

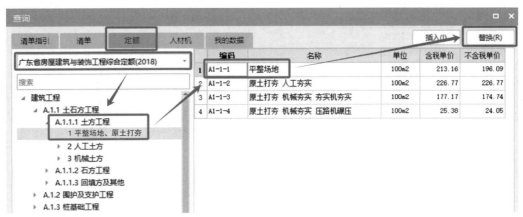

图 3.2.6

根据项目特征描述"弃土运距：10 km"，还需要按照上述方法套用土方外运的定额。双击"A1-1-53"一行，弹出该定额的换算表，在换算表中将"1　实际运距(km)"的"换算内容"由"1"改成"10"后点击"确定"，如图 3.2.7 所示。

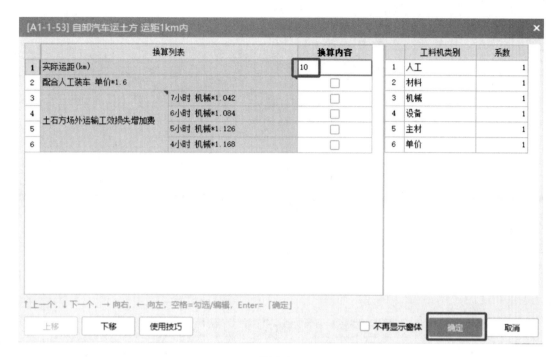

图 3.2.7

在图 3.2.8 中,通过以上步骤在"010101001001 平整场地"的清单下,已经出现了两条定额组价。但仍需要注意的是,A1-1-1 的单位为 100 m², 而 A1-1-53 的单位为 1 000 m³ 且工程量为 0,这就需要根据项目实际情况进行工程量的换算。

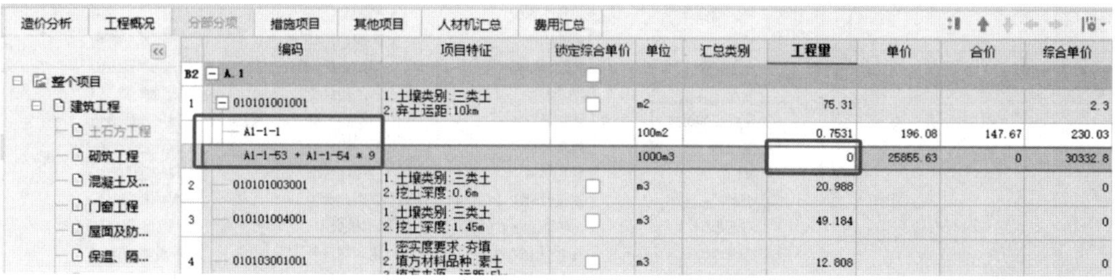

图 3.2.8

在套用定额后,因为计算规则不一致导致定额工程量为 0 的情况很常见,这里介绍一种快速的工程量输入方式。在页面的任意位置点击鼠标右键,选中"页面显示列设置"后,在弹出的菜单中勾选"工程量表达式",点击"确定"即可。如图 3.2.9 所示。

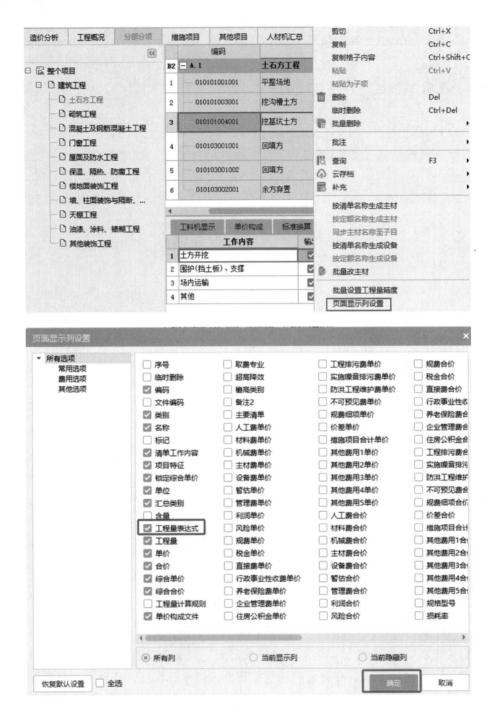

图 3.2.9

这样,在页面显示中就出现了"工程量表达式"列。点击如图 3.2.10 所示的"..."按钮,在弹出的"编辑工程量表达式"对话框中双击"QDL 清单量"这一行,根据厚度 30 cm,用清单量面积乘以 0.3 即可得到 A1-1-53 的工程量体积。点击"确定"后就会自动生成工程量。至此,完成"010101001001 平整场地"清单项的报价工作。

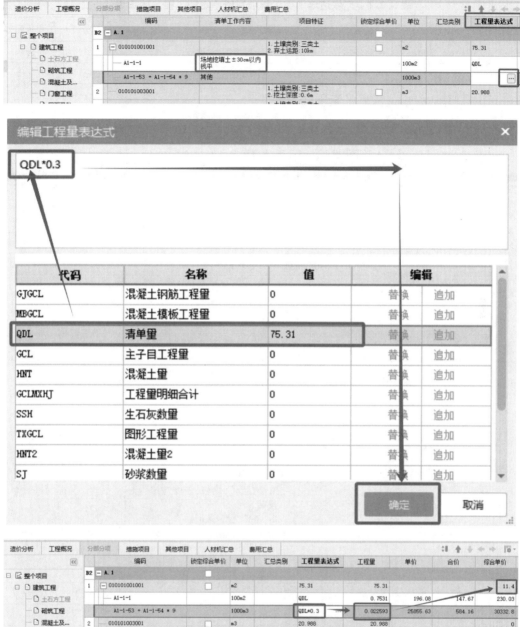

图 3.2.10

按照以上定额套用的思路和方法完成剩余分部分项工程量清单项的报价,因篇幅有限,这里不再赘述。本书中广联达培训楼工程项目所有清单的组价定额如表 3.2.1 所示,参照表中的组价定额即可完成分部分项费用中的定额套用。

表 3.2.1　广联达培训楼工程项目清单定额工程量明细表

序号	编码	项目名称	项目特征	单位	工程量明细
1	010101001001	平整场地	1. 土壤类别:三类土	m^2	75.4
	A1-1-1	平整场地		$100\ m^2$	0.754
	A1-1-53	自卸汽车运土方 运距 1 km 内		$1\ 000\ m^3$	0.022 62
2	010101003001	挖沟槽土方	1. 土壤类别:三类土 2. 挖土深度:0.6 m	m^3	20.988
	A1-1-21	人工挖沟槽土方 三类土 深度在 2 m 内		$100\ m^3$	0.010 494
	A1-1-49	挖掘机挖装沟槽、基坑土方 三类土		$1\ 000\ m^3$	0.019 938 6
3	010101004001	挖基坑土方	1. 土壤类别:三类土 2. 挖土深度:1.45 m 3. 弃土运距:10 km	m^3	49.184
	A1-1-12	人工挖基坑土方 三类土 深度在 2 m 内		$100\ m^3$	0.024 592
	A1-1-49	挖掘机挖装沟槽、基坑土方 三类土		$1\ 000\ m^3$	0.046 724 8
4	010103001001	回填方	1. 密实度要求:夯填 2. 填方材料品种:素土	m^3	48.676
	A1-1-129	回填土 夯实机夯实 槽、坑		$100\ m^3$	0.486 76
5	010103001002	回填方	1. 密实度要求:夯填 2. 填方材料品种:素土 3. 填方来源、运距:5 km	m^3	11.060 1
	A1-1-127	回填土 人工夯实		$100\ m^3$	0.110 601
6	010103002001	余方弃置	1. 废弃料品种:土方 2. 运距:10 km	m^3	34.146
	A1-1-53	自卸汽车运土方 运距 1 km 内		$1\ 000\ m^3$	0.034 146
	A1-1-54*9	自卸汽车运土方 每增加 1 km 单价*9		$1\ 000\ m^3$	0.034 146
7	010401001001	砖基础	1. 砖品种、规格、强度等级:标准砖 2. 基础类型:条形 3. 砂浆强度等级:预拌砌筑砂浆 M7.5 4. 防潮层材料种类:预拌防水砂浆 1:2	m^3	6.497
	A1-4-1	砖基础		$10\ m^3$	0.649 7
	A1-10-109	普通防水砂浆 平面 20 mm 厚		$100\ m^2$	0.164 722
8	010401003001	实心砖墙	1. 砖品种、规格、强度等级:标准砖 2. 墙体类型:外墙 365 mm 3. 砂浆强度等级、配合比:预拌砌筑砂浆 M7.5	m^3	50.945 9
	A1-4-8	混水砖外墙 墙体厚度 1 砖半		$10\ m^3$	5.094 59

续表

序号	编码	项目名称	项目特征	单位	工程量明细
9	010401003002	实心砖墙	1. 砖品种、规格、强度等级:标准砖 2. 墙体类型:内墙 240 mm 3. 砂浆强度等级、配合比:预拌砌筑砂浆 M5.0	m³	17.979 4
	A1-4-16	混水砖内墙 墙体厚度 1 砖		10 m³	1.797 94
10	010401003003	实心砖墙	1. 砖品种、规格、强度等级:标准砖 2. 墙体类型:女儿墙 240 mm 3. 砂浆强度等级、配合比:预拌砌筑砂浆 M5.0	m³	3.256
	A1-4-6	混水砖外墙 墙体厚度 1 砖		10 m³	0.425 6
11	010404001001	垫层	1. 垫层材料种类、配合比、厚度:灰土,3:7,150 厚	m³	8.839 2
	A1-4-125	垫层 3:7 灰土		10 m³	0.883 92
12	010501001001	垫层	1. 混凝土种类:预拌 2. 混凝土强度等级:C15	m³	4.808
	A1-5-51	泵送混凝土至建筑部位 高度 50 m 以内(含±0.00 以下)		10 m³	0.480 8
	A1-5-78	混凝土垫层		10 m³	0.480 8
13	010501003001	独立基础	1. 混凝土种类:预拌 2. 混凝土强度等级:C30	m³	4.588
	A1-5-2	现浇建筑物混凝土 其他混凝土基础		10 m³	0.458 8
	A1-5-51	泵送混凝土至建筑部位 高度 50 m 以内(含±0.00 以下)		10 m³	0.458 8
14	010502001001	矩形柱	1. 混凝土种类:预拌 2. 混凝土强度等级:C25	m³	17.330 6
	A1-5-5	现浇建筑物混凝土 矩形、多边形、异形、圆形柱、钢管柱		10 m³	1.839 06
	A1-5-51	泵送混凝土至建筑部位 高度 50m 以内(含±0.00 以下)		10 m³	1.839 06
15	010502002001	构造柱	1. 混凝土种类:预拌 2. 混凝土强度等级:C25	m³	0.311 2
	A1-5-6	现浇建筑物混凝土 构造柱		10 m³	0.031 12
	A1-5-51	泵送混凝土至建筑部位 高度 50 m 以内(含±0.00 以下)		10 m³	0.031 12
16	010503001001	基础梁	1. 混凝土种类:预拌 2. 混凝土强度等级:C30	m³	11.57
	A1-5-8	现浇建筑物混凝土 基础梁		10 m³	1.051
	A1-5-51	泵送混凝土至建筑部位 高度 50 m 以内(含±0.00 以下)		10 m³	1.051
17	010505001001	有梁板	1. 混凝土种类:预拌 2. 混凝土强度等级:C25	m³	27.541 9
	A1-5-14	现浇建筑物混凝土 平板、有梁板、无梁板		10 m³	2.749 53
	A1-5-51	泵送混凝土至建筑部位 高度 50 m 以内(含±0.00 以下)		10 m³	2.749 53

续表

序号	编码	项目名称	项目特征	单位	工程量明细
18	010505006001	栏板	1. 混凝土种类:预拌 2. 混凝土强度等级:C25	m³	0.369 4
	A1-5-30	现浇混凝土其他构件 栏板、反檐		10 m³	0.036 94
	A1-5-51	泵送混凝土至建筑部位 高度50 m以内(含±0.00以下)		10 m³	0.036 9 4
19	010505008001	雨篷、悬挑板、阳台板	1. 混凝土种类:预拌 2. 混凝土强度等级:C25	m³	3.136 8
	A1-5-29	现浇混凝土其他构件 阳台、雨篷		10 m³	0.313 68
	A1-5-51	泵送混凝土至建筑部位 高度50 m以内(含±0.00以下)		10 m³	0.313 68
20	010506001001	直形楼梯	1. 混凝土种类:预拌 2. 混凝土强度等级:C25	m³	1.544 2
	A1-5-21	现浇建筑物混凝土 直形楼梯		10 m³	0.154 25
	A1-5-51	泵送混凝土至建筑部位 高度50 m以内(含±0.00以下)		10 m³	0.154 25
21	010507001001	散水、坡道	1. 垫层材料种类、厚度:素混凝土,100 mm 2. 混凝土种类:预拌 3. 混凝土强度等级:C15	m²	18.975
	A1-5-33	现浇混凝土其他构件 地沟、明沟、电缆沟、散水坡		10 m³	0.189 75
	A1-5-51	泵送混凝土至建筑部位 高度50 m以内(含±0.00以下)		10 m³	0.189 75
22	010507004001	台阶	1. 踏步高、宽:150 mm、300 mm 2. 混凝土种类:预拌 3. 混凝土强度等级:C15	m³	1.984 5
	A1-5-34	现浇混凝土其他构件 台阶		10 m³	0.198 45
	A1-5-51	泵送混凝土至建筑部位 高度50 m以内(含±0.00以下)		10 m³	0.198 45
23	010507007001	其他构件	1. 构件的类型:反檐 2. 部位:雨篷顶 3. 混凝土种类:预拌 4. 混凝土强度等级:C25	m³	0.503 5
	A1-5-30	现浇混凝土其他构件 栏板、反檐		10 m³	0.050 35
	A1-5-51	泵送混凝土至建筑部位 高度50 m以内(含±0.00以下)		10 m³	0.050 35
24	010510003001	过梁	1. 图代号:GL 2. 安装高度:3.6 m内 3. 混凝土强度等级:C25 4. 砂浆(细石混凝土)强度等级、配合比:预拌水泥砂浆、1∶2	m³	2.163 8
	A1-5-37	现浇建筑物混凝土 小型构件预制 过梁、花架条		10 m³	0.216 38
	A1-5-45	现浇建筑物混凝土 小型预制构件安装 过梁、花架条、架空隔热板、地沟盖板、空调板		10 m³	0.216 38

续表

序号	编码	项目名称	项目特征	单位	工程量明细
25	010514002001	其他构件	1. 构件的类型：压顶 2. 混凝土强度等级：C25 3. 砂浆强度等级：预拌水泥砂浆1：2	m³	0.634 4
	A1-6-25	预制混凝土构件安装 压顶		10 m³	0.063 44
26	010801001001	木质门	1. 门代号及洞口尺寸：M1-2 400*2 700	m²	6.48
	A1-9-8	无纱镶板门、胶合板门安装 无亮 双扇		100 m²	0.063 279
	MC1-13	杉木镶板门框扇 双扇		m²	6.327 9
27	010801001002	木质门	1. 门代号及洞口尺寸：M2-900*2 400	m²	8.64
	A1-9-8	无纱镶板门、胶合板门安装 无亮 双扇		100 m²	0.082 476
	MC1-17	杉木胶合板门框扇 单扇		m²	8.247 6
28	010801001003	木质门	1. 门代号及洞口尺寸：M3-900*2 100	m²	3.78
	A1-9-8	无纱镶板门、胶合板门安装 无亮 双扇		100 m²	0.036 018
	MC1-17	杉木胶合板门框扇 单扇		m²	3.60 18
29	010801001004	木质门	1. 门代号及洞口尺寸：MLC-M:900*2 700	m²	5.13
	A1-9-8	无纱镶板门、胶合板门安装 无亮 双扇		100 m²	0.049 248
	MC1-13	杉木镶板门框扇 双扇		m²	4.924 8
30	010807001001	金属(塑钢、断桥)窗	1. 窗代号及洞口尺寸：C1-1 500*1 800 2. 框、扇材质：塑钢 3. 玻璃品种、厚度：钢化玻璃、6 mm厚	m²	21.6
	A1-9-181	塑钢窗安装 推拉		100 m²	0.208 152
	MC1-61	塑钢窗 推拉		m²	20.815 2
31	010807001002	金属(塑钢、断桥)窗	1. 窗代号及洞口尺寸：C2-1 800*1 800 2. 框、扇材质：塑钢 3. 玻璃品种、厚度：钢化玻璃、6 mm厚	m²	6.48
	A1-9-181	塑钢窗安装 推拉		100 m²	0.062 658
	MC1-61	塑钢窗 推拉		m²	6.265 8
32	010807001003	金属(塑钢、断桥)窗	1. 窗代号及洞口尺寸：MLC-C:1 500*1 800 2. 框、扇材质：塑钢 3. 玻璃品种、厚度：钢化玻璃、6 mm厚	m²	5.13
	A1-9-181	塑钢窗安装 推拉		100 m²	0.049 248
	MC1-61	塑钢窗 推拉		m²	4.924 8

续表

序号	编码	项目名称	项目特征	单位	工程量明细
33	010902001001	屋面卷材防水	1. 卷材品种、规格、厚度:SBS改性沥青防水卷材 2. 防水层数:单层 3. 防水层做法:热熔、满铺	m²	116.284 8
	A1-10-53	屋面改性沥青防水卷材 热熔、满铺 单层		100 m²	1.162 848
34	010902008001	屋面变形缝	1. 嵌缝材料种类:建筑油膏	m	21.36
	A1-10-174	建筑油膏		100 m	0.213 6
35	010904002001	楼(地)面涂膜防水	1. 防水膜品种:单组份聚氨酯 2. 涂膜厚度、遍数:2 mm 3. 反边高度:200 mm	m²	20.816 9
	A1-10-89	单组份聚氨酯涂膜防水 平面 1.5 mm厚		100 m²	0.208 169
	A1-10-90	单组份聚氨酯涂膜防水 平面 每增减0.5 mm		100 m²	0.208 169
36	010904004001	楼(地)面变形缝	1. 嵌缝材料种类:沥青砂浆	m	32.3
	A1-10-175	沥青砂浆		100 m	0.323
37	011001001001	保温隔热屋面	1. 保温隔热材料品种、规格、厚度:现浇水泥珍珠岩、100 mm厚	m²	66.942 4
	A1-11-116	屋面保温 现浇水泥珍珠岩100 mm厚		100 m²	0.669 424
38	011101001001	水泥砂浆楼地面	1. 保护层厚度、砂浆配合比:预拌地面砂浆1:2	m²	75.512 4
	A1-12-1	楼地面水泥砂浆找平层 混凝土或硬基层上 20 mm		100 m²	0.755 124
	A1-12-3 *-1	楼地面水泥砂浆找平层 每增减5 mm 单价 *-1		100 m²	0.755 124
39	011101001002	水泥砂浆楼地面	1. 保护层厚度、砂浆配合比:预拌地面砂浆1:2	m²	40.772 4
	A1-12-1	楼地面水泥砂浆找平层 混凝土或硬基层上 20 mm		100 m²	0.407 724
	A1-12-3	楼地面水泥砂浆找平层 每增减5 mm		100 m²	0.407 724
40	011101001003	水泥砂浆楼地面	1. 构件类型:散水 2. 面层厚度、砂浆配合比:20厚、预拌抹灰砂浆1:2	m²	18.975
	A1-12-12	水泥砂浆整体面层 防滑坡道 20 mm		100 m²	0.189 75
41	011101003001	细石混凝土楼地面	1. 找平层厚度、砂浆配合比:细石混凝土 30 mm厚 2. 面层厚度、混凝土强度等级:C20	m²	90.320 8
	A1-12-9	细石混凝土找平层 30 mm		100 m²	0.903 208
42	011101003002	细石混凝土楼地面	1. 找平层厚度、砂浆配合比:50厚、C20细石混凝土	m²	58.928
	A1-12-9	细石混凝土找平层 30 mm		100 m²	0.589 28
	A1-12-10 *4	细石混凝土找平层 每增减5 mm 单价 *4		100 m²	0.589 28

续表

序号	编码	项目名称	项目特征	单位	工程量明细
43	011101003003	细石混凝土楼地面	1. 找平层厚度、砂浆配合比：30厚、C20细石混凝土	m²	15.612 9
	A1-12-9	细石混凝土找平层 30 mm		100 m²	0.156 129
44	011101006001	平面砂浆找平层	1. 找平层厚度、砂浆配合比：预拌地面砂浆1:2	m²	116.284 8
	A1-12-1	楼地面水泥砂浆找平层 混凝土或硬基层上 20 mm		100 m²	1.162 848
	A1-12-3*-1	楼地面水泥砂浆找平层 每增减5mm 单价*-1		100 m²	1.162 8 48
45	011101006002	平面砂浆找平层	1. 找平层厚度、砂浆配合比：20厚、预拌水泥砂浆1:2.5	m²	35.370 2
	A1-12-1	楼地面水泥砂浆找平层 混凝土或硬基层上 20 mm		100 m²	0.353 702
46	011102001001	石材楼地面	1. 结合层厚度、砂浆配合比：预拌水泥砂浆1:2.5 2. 面层材料品种、规格、颜色：大理石 800 mm×800 mm×15 mm	m²	16.177
	A1-12-39	楼地面(每块周长 mm) 3 200 以内 水泥砂浆		100 m²	0.163 734
47	011102003001	块料楼地面	1. 结合层厚度、砂浆配合比：预拌水泥砂浆1:2 2. 面层材料品种、规格、颜色：抛光砖 600 mm×600 mm	m²	43.342 1
	A1-12-74	楼地面陶瓷地砖(每块周长 mm) 2 400 以内 水泥砂浆		100 m²	0.436 391
48	011104001001	地毯楼地面	1. 面层材料品种、规格、颜色：防静电地毯	m²	35.352
	A1-12-129	楼地面地毯 防静电地毯		100 m²	0.355 862
49	011104002001	竹、木(复合)地板	1. 面层材料品种、规格、颜色：8厚普通实木地板(企口拼接)	m²	16.553 5
	A1-12-149	普通实木地板 铺在水泥地面上 企口		100 m²	0.168 129
50	011105002001	石材踢脚线	1. 踢脚线高度：120 mm 2. 粘贴层厚度、材料种类：预拌水泥砂浆1:2 3. 面层材料品种、规格、颜色：大理石	m²	1.580 4
	A1-12-46	踢脚线 水泥砂浆		100 m²	0.0147
51	011105003001	块料踢脚线	1. 踢脚线高度：120 mm 2. 粘贴层厚度、材料种类：预拌水泥砂浆1:2 3. 面层材料品种、规格、颜色：釉面砖	m²	84.811 8
	A1-12-79	铺贴陶瓷地砖 踢脚线 水泥砂浆		100 m²	0.848 118

续表

序号	编码	项目名称	项目特征	单位	工程量明细
52	011105003002	块料踢脚线	1. 踢脚线高度:120 mm 2. 粘贴层厚度、材料种类:预拌水泥砂浆1:2 3. 面层材料品种、规格、颜色:陶瓷锦砖	m²	9.930 6
	A1-12-79	铺贴陶瓷地砖 踢脚线 水泥砂浆		100 m²	0.099 306
53	011106002001	块料楼梯面层	1. 找平层厚度、砂浆配合比:预拌地面砂浆1:2 2. 粘结层厚度、材料种类:预拌地面砂浆1:2 3. 面层材料品种、规格、颜色:瓷质梯级砖	m²	6.640 2
	A1-12-77	铺贴陶瓷地砖 楼梯 水泥砂浆		100 m²	0.066 402
	A1-12-178	防滑条 金属条		100 m	0.228
54	011107004001	水泥砂浆台阶面	1. 面层厚度、砂浆配合比:20厚、预拌抹灰砂浆1:2	m²	3.54
	A1-12-14	水泥砂浆整体面层 台阶 20 mm		100 m²	0.035 4
55	011201001001	墙面一般抹灰	1. 底层厚度、砂浆配合比:15厚、预拌水泥石灰砂浆1:1:6 2. 面层厚度、砂浆配合比:5厚、预拌水泥石灰砂浆1:1:2	m²	316.679 6
	A1-13-12	各种墙面 15+5 mm 水泥石灰砂浆底 水泥石灰砂浆面 内墙		100 m²	3.182 646
56	011201001002	墙面一般抹灰	1. 墙体类型:砖墙 2. 面层厚度、砂浆配合比:20厚、水泥防水砂浆1:2,钉挂铁丝网	m²	44.129 4
	A1-10-111	普通防水砂浆 立面 20 mm 厚		100 m²	0.441 294
	A1-13-47	墙、柱面钉(挂)钢(铁)网 铁丝网		100 m²	0.441 294
57	011201004001	立面砂浆找平层	1. 基层类型:砖墙 2. 找平层砂浆厚度、配合比:15厚、预拌水泥石灰砂浆1:1:6	m²	273.627 2
	A1-13-2	底层抹灰 15 mm 各种墙面 外墙		100 m²	2.736 272
58	011201004002	立面砂浆找平层	1. 基层类型:砖墙 2. 找平层砂浆厚度、配合比:15厚、预拌水泥石灰砂浆1:1:6	m²	88.529 4
	A1-13-1	底层抹灰 15 mm 各种墙面 内墙		100 m²	0.885 294
59	011203003001	零星项目砂浆找平	1. 基层类型、部位:压顶 2. 找平层砂浆厚度、配合比:15厚、预拌抹灰砂浆1:1:6	m²	16.915 2
	A1-13-4	底层抹灰 15 mm 零星项目		100 m²	0.169 152

续表

序号	编码	项目名称	项目特征	单位	工程量明细
60	011204003001	块料墙面	1. 墙体类型:砖墙 2. 面层材料品种、规格、颜色:白色釉面砖,45 mm×145 mm 3. 缝宽、嵌缝材料种类:水泥膏密缝镶贴	m²	125.978 2
	A1-13-150	镶贴陶瓷面砖疏缝 墙面墙裙 水泥膏		100 m²	1.259 782
61	011204003002	块料墙面	1. 墙体类型:砖墙 2. 面层材料品种、规格、颜色:红色釉面砖,45 mm×145 mm 3. 缝宽、嵌缝材料种类:水泥膏疏缝镶贴	m²	31.637 2
	A1-13-150	镶贴陶瓷面砖疏缝 墙面墙裙 水泥膏		100 m²	0.316 372
62	011204003003	块料墙面	1. 墙体类型:砖墙 2. 面层材料品种、规格、颜色:白色釉面砖,45 mm×145 mm 3. 缝宽、嵌缝材料种类:水泥膏密缝镶贴	m²	160.367 4
	A1-13-145	镶贴陶瓷面砖密缝 墙面 水泥膏 块料周长 600 内		100 m²	1.603 674
63	011206002001	块料零星项目	1. 基层类型、部位:压顶 2. 面层材料品种、规格、颜色:白色釉面砖,45 mm×145 mm 3. 缝宽、嵌缝材料种类:水泥膏密缝镶贴	m²	16.915 2
	A1-13-149	镶贴陶瓷面砖密缝 零星项目 水泥膏		100 m²	0.169 152
64	011207001001	墙面装饰板	1. 龙骨材料种类、规格、中距:断面 7.5 cm²,平均中距 300 mm 2. 基层材料种类、规格:胶合板 3. 面层材料品种、规格、颜色:饰面胶合板	m²	13.914
	A1-13-197	木龙骨 断面7.5 cm²木龙骨平均中距(mm以内) 300		100 m²	0.139 14
	A1-13-220	龙骨上钉胶合板基层		100 m²	0.139 14
	A1-13-223	饰面层 胶合板面		100 m²	0.139 14
65	011207001002	墙面装饰板	1. 面层材料品种、规格、颜色:海绵软包 织物面	m²	45.461 4
	A1-13-227	饰面层 海绵软包 织物面		100 m²	0.454 614
66	011301001001	天棚抹灰	1. 抹灰厚度、材料种类:底层 10 mm,预拌抹灰砂浆 1∶1∶6,面层 5 mm,预拌抹灰砂浆 1∶2.5	m²	9.475 6
	A1-14-3	水泥石灰砂浆底 石灰砂浆面 10+5 mm		100 m²	0.096 676

续表

序号	编码	项目名称	项目特征	单位	工程量明细
67	011301001002	天棚抹灰	1. 基层类型：混凝土板 2. 抹灰厚度、材料种类：10 厚、预拌水泥石灰砂浆 1：1：6，5 厚、预拌石灰砂浆 1：2.5	m²	99.489 6
	A1-14-3	水泥石灰砂浆底 石灰砂浆面 10+5 mm		100 m²	0.994 896
68	011302001001	吊顶天棚	1. 龙骨材料种类、规格、中距：U 型轻钢龙骨(不上人)，300 mm×300 mm 平面 2. 面层材料品种、规格：石膏吸音板，300 mm×300 mm	m²	15.612 9
	A1-14-35	装配式 U 型轻钢天棚龙骨（不上人型）面层规格（mm）300×300 平面		100 m²	0.156 129
	A1-14-122	吸音板面层 石膏吸音板		100 m²	0.156 129
69	011404001001	木护墙、木墙裙油漆	1. 油漆品种、刷漆遍数：底油、油色、调和漆二遍、清漆二遍	m²	13.914
	A1-15-13	其他木材面 刷底油 调和漆二遍		100 m²	0.139 14
	A1-15-59	其他木材面 润油粉、刮腻子、油色 清漆二遍		100 m²	0.139 14
70	011406001001	抹灰面油漆	1. 刮腻子遍数：满刮腻子一遍 2. 油漆品种、刷漆遍数：乳胶漆一遍	m²	108.965 2
	A1-15-151	成品腻子粉(一般型)Y 型 天棚面 满刮一遍		100 m²	1.091 572
	A1-15-159	抹灰面乳胶漆 天棚面 面漆一遍		100 m²	1.091 572
71	011406001002	抹灰面油漆	1. 刮腻子遍数：满刮腻子一遍 2. 油漆品种、刷漆遍数：乳胶漆一遍	m²	316.679 6
	A1-15-150	成品腻子粉(一般型)Y 型 墙面 满刮一遍		100 m²	3.182 646
	A1-15-158	抹灰面乳胶漆 墙柱面 面漆一遍		100 m²	3.182 646
72	011503001001	金属扶手、栏杆、栏板	1. 扶手材料种类、规格：不锈钢管，Φ75 2. 栏杆材料种类、规格：不锈钢管	m	8.150 2
	A1-16-108	不锈钢栏杆制安 直型		100 m	0.081 502
	A1-16-138	不锈钢扶手 φ75 直型		100 m	0.081 502

注：项目特征等参数项根据 GCCP6.0 软件默认生成，读者可根据图纸和实际施工情况等进行填写。

2. 未计价材料费用的换算

广东省建设工程计价依据《广东省房屋建筑与装饰工程综合定额(2018)》"附录二、预拌混凝土价格参考表和商品砂浆价格参考表"，给每种材料进行了材料编码，如图 3.2.11 所示。

在软件上方的操作导航栏中找到"其他"，点击"展开到"中的"主材设备"，即会出现未计价材料，如图 3.2.12 所示。判断"未计价材料"的依据是"单价"为"0"且未进行材料关联。

表1：预拌混凝土价格参考表

单位：元/m³

材料编码	8021901	8021902	8021903	8021904	8021905	8021906	8021907	8021908	8021909	8021910	8021911
材料名称	普通预拌混凝土											
	碎石粒径综合考虑											
	C10	C15	C20	C25	C30	C35	C40	C45	C50	C55	C60
材料价格	302	310	322	331	340	353	367	381	394	414	434

图 3.2.11

图 3.2.12

双击未计价材料的材料编码，弹出如图3.2.13所示的材料页面，内容包括材料大类、编码、名称、规格型号等信息。这里显示的编码和《广东省房屋建筑与装饰工程综合定额（2018）》"附录二、预拌混凝土价格参考表和商品砂浆价格参考表"中的编码是一致的。根据《广东省房屋建筑与装饰工程综合定额（2018）》"附录二、预拌混凝土价格参考表和商品砂浆价格参考表"附录中的材料编码就能快速地找到软件中的未计价材料。

未计价材料费的换算，需要依据清单的项目特征进行选择，如图3.2.14所示，垫层使用的是强度为C15的混凝土；在"附录二、预拌混凝土价格参考表和商品砂浆价格参考表"中，如图3.2.11所示，C15的预拌混凝土材料编码为"8021902"。

双击未计价材料所在行，在弹出的对话框左侧找到并选中"8021普通混凝土"，在右侧找到编码"8021902"的材料C15混凝土，点击右上角的"替换（R）"即完成了未计价材料费的换算，如图3.2.15所示。

图 3.2.13

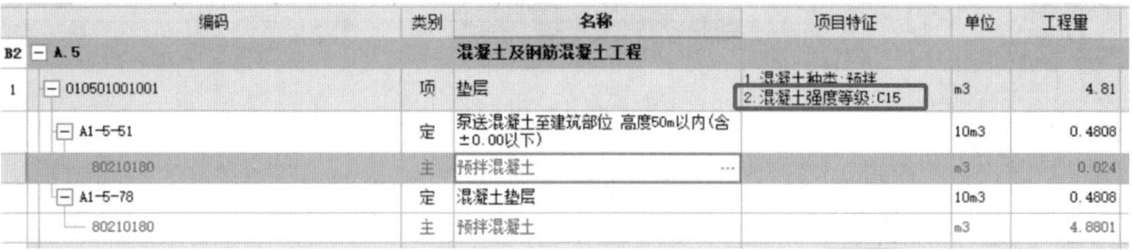

图 3.2.14

图 3.2.15

换算完成后,定额行"类别"由原来的"定"变成"换",选中定额行后,点击下列的"换算信息",可以看到具体的材料换算信息,如图 3.2.16 所示。按照上述方法将其他未计价材料进行换算即可。

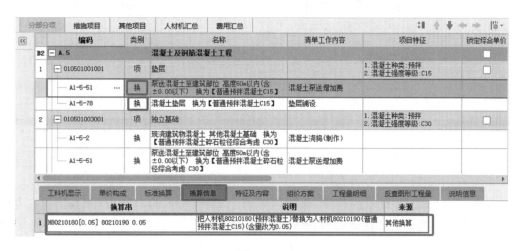

图 3.2.16

3.2.3 编制措施项目工程费用

绿色施工安全防护措施费是在建设施工过程中,为达到绿色施工和安全防护标准,需实施实体工程之外的措施性项目而发生的费用,主要内容包括以下两方面:一是按照国家现行的建筑施工安全、施工现场环境与卫生标准和有关规定,购置和更新施工安全防护用具及设施,改善安全生产条件和作业环境所需要的费用;二是在保证质量、安全等基本要求的前提下,项目实施中通过科学管理和技术进步,最大限度地节约

3.2.3 编制措施项目
工程费用 微课视频

资源,减少对环境影响,实现环境保护、节能与能源利用、节材与材料资源利用、节水与水资源利用、节地与土地资源保护,达到广东省《建筑工程绿色施工评价标准》所需要的措施性费用。绿色施工安全防护措施费,属于不可竞争费用,工程计价时,应单独列项并按定额相应项目及费率计算。

1. 按定额计算的措施费

根据施工图纸、方案及施工组织设计等资料,以下 13 项绿色施工安全防护措施费项目按相关定额子目计算:综合脚手架、靠脚手架安全挡板、密目式安全网、围尼龙编织布、模板的支架、施工现场围挡和临时占地围挡、施工围挡照明、临时钢管架通道、独立安全防护挡板、吊装设备基础、防尘降噪绿色施工防护棚、施工便道、样板引路。

点击"措施项目",页面上即显示出以上 13 条需要按照定额计算的措施项,如图 3.2.17 所示。

在一个完整的项目中,以上 13 条措施项目的费用并不是每一条都需要进行计算,要根据施工图纸、方案及施工组织设计等进行套价。这里以综合钢脚手架为例,对"按定额计算的措施费"进行清单定额组价。

图 3.2.17

双击如图 3.2.18 所示的位置,会弹出如图 3.2.19 所示的对话框,根据指引在左侧选择"措施项目"→"脚手架工程"→"粤 011701008　综合钢脚手架",在右侧定额"A1-21-2"前的方框内打"√"后,点击右上角的"替换清单(R)"即可。

图 3.2.18

图 3.2.19

根据实际情况在"项目特征"和"工程量"栏中填入具体数值,如图3.2.20所示,即完成本条清单的开项和套价。按照上述方法将其他措施项目根据工程实际情况开项即可。

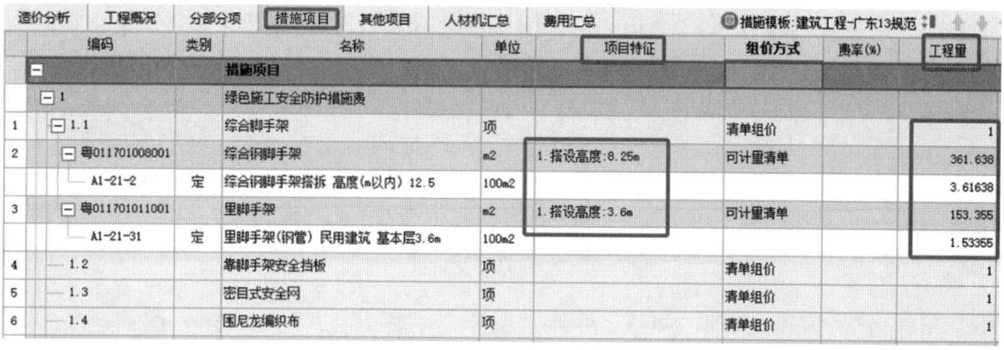

图 3.2.20

在"措施项目"页面的最下端,找到导入的"模板"清单项,按照上述方法套价后,选中所有模板项所在的行,点击鼠标右键,在弹出的菜单中选择"提取钢支撑",如图3.2.21所示,会弹出如图3.2.22所示的对话框,点击"确定"按钮,会在扣除钢支撑的费用后,自动生成"钢支撑"费用项,如图3.2.23所示。

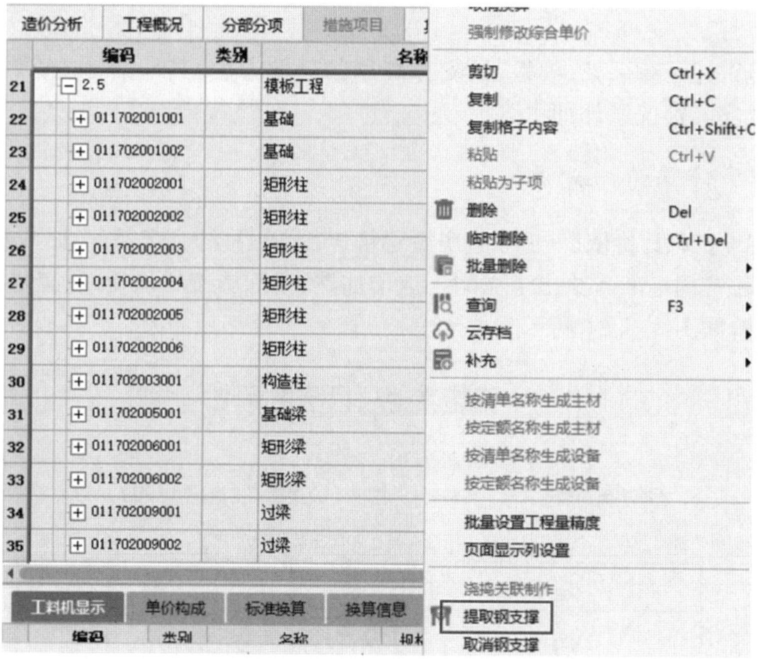

图 3.2.21

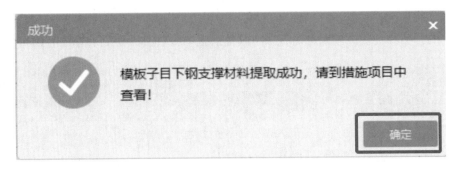

图 3.2.22

	编码	名称	单位	项目特征	组价方式	计算基数	费率(%)	工程量	综合单价	综合合价	单价构成
		措施项目								62410.31	
	1	绿色施工安全防护措施费								15927.9	
1	1.1	综合脚手架	项		清单组价			1	0	0	
3	1.2	靠脚手架安全挡板	项		清单组价			1	0	0	
5	1.3	密目式安全网	项		清单组价			1	0	0	
7	1.4	围尼龙编织布	项		清单组价			1	0	0	
9	MBZC001	模板的支架	t		可计量清单			0.3556686	3880	1379.99	[建筑工程]
	GZC-001	钢支撑	kg					355.6686	3.88	1379.99	[建筑工程]
10	1.6	施工现场围挡和临时占地围挡	项		清单组价			1	0	0	
12	1.7	施工围挡照明	项		清单组价			1	0	0	

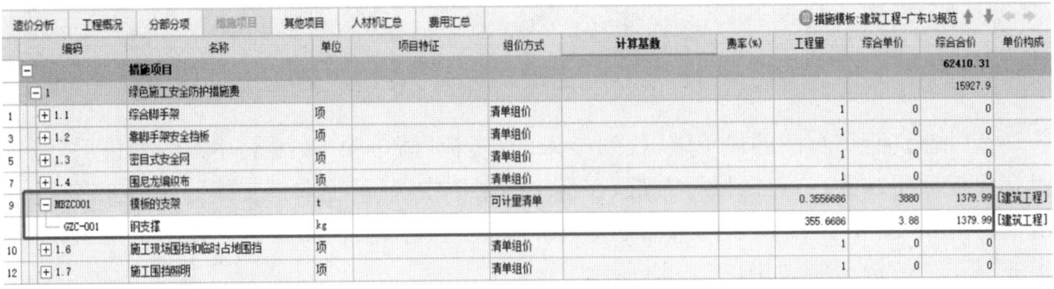

图 3.2.23

这里重点讲述了脚手架、模板、钢支撑费用的计取方法，其他措施的开项按照上述方法根据项目的实际情况添加即可。

2. 按费率计算的措施费

广东省建设工程计价依据《广东省房屋建筑与装饰工程综合定额(2018)》第“A.1.27”章“措施其他项目费用标准”，给出了文明工地增加费、夜间施工增加费、赶工措施费、其他费用的费率标准，如图 3.2.24 所示。

措施其他项目费用标准

一、**文明工地增加费**：承包人按要求创建省、市级文明工地，加大投入、加强管理所增加的费用。获得省、市级文明工地的工程，按照下表标准计算：

专业		建筑工程	单独装饰工程
计算基础		【分部分项的（人工费+施工机具费）】（%）	
其中	市级文明工地	1.20	0.60
	省级文明工地	2.10	1.20

图 3.2.24

这里以"文明工地增加费"为例进行计费。在广东省建设工程计价依据《广东省房屋建筑与装饰工程综合定额(2018)》第"A.1.27"章"措施其他项目费用标准"中,"文明工地增加费"的计算基础为"分部分项的(人工费+施工机具费)","建筑工程"下的"市级文明工地"的费用标准为"1.20"。鼠标左键点击"文明工地增加费"所在行的"计算基数",选择"分部分项人工费+机械费",在"费率(%)"下填入"1.2",如图 3.2.25 所示。需要注意的是只需要填入"1.2"即可,不能填入"1.2%",软件默认加入了"%"。

图 3.2.25

其他"按费率计算的措施费"根据规范和实际情况,按照上述方法找到计算基数和费用标准,填入对应的措施项目中即可。

3.2.4 编制其他项目工程费用

根据广东省建设工程计价依据《广东省房屋建筑与装饰工程综合定额(2018)》第三部分"其他项目"规定:

A. 本章列出其他项目名称、费用标准、计算方法和说明,供工程招投标双方参考,合同有约定的按合同约定执行;

3.2.4 编制其他项目工程费用 微课视频

B. 其他项目费中的暂列金额、暂估价和计日工数量,均为估算、预测数,虽计入工程造价中,但不为承包人所有。工程结算时,应按合同约定计算,剩余部分仍归发包人所有。

C. 暂估价中的材料单价应按发承包双方最终确认价进行调整,专业工程暂估价应按中标价或发承包与分包人最终确认价计算。

D. 计日工是指在施工过程中,完成发包人提出的施工图纸以外的零星项目或工作所消耗的人工、材料、机具,按合同的约定计算。

E. 总承包服务费应依据合同约定金额计算,如发生调整的,以发承包双方确认调整的金额计算。

F. 工程优质费是指承包人按照发包人的要求创建优质工程,增加投入与管理发生的费用。

G. 其他项目,各市有标准者,从其规定。各市没有标准者,按本章规定计算。

GCCP6.0 软件中的其他项目费用计价开项如图 3.2.26 所示,在实际项目运营中,各项费用需要按照实际发生进行计算。这里假设发生了暂列金额、计日工、工程优质费、预算包干费四项费用,对这四项费用进行组价。

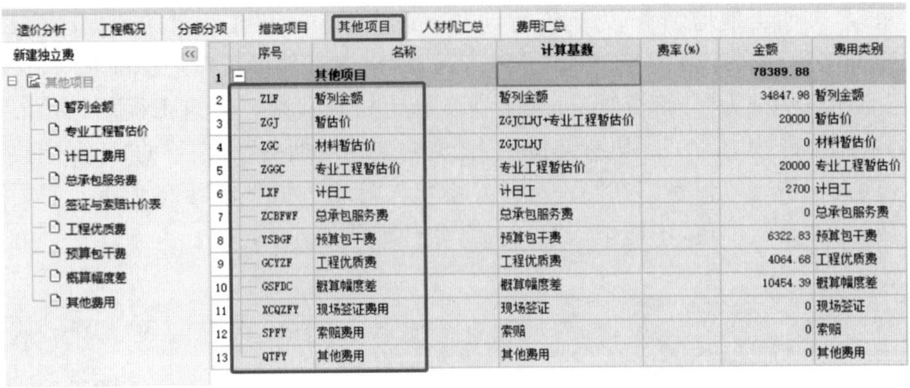

图 3.2.26

1. 暂列金额的计取

暂列金额是发包人暂定并包括在合同价款中的一笔款项，是用于施工合同签订时尚未确定或者不可预见的所需材料、设备、服务的采购，施工中可能发生的工程变更、合同约定调整因素出现时的工程价款调整以及发生的索赔、现场签证确认等的费用。招标控制价和施工图预算具体由发包人根据工程特点确定，发包人没有约定时，按分部分项工程费的 10% 计算。结算按实际发生数额计算。

点击左侧导航栏"其他项目"下的"暂列金额"，在弹出的"暂列金额"页面中，将"计算基数"改成"FBF×HJ"（分部分项合计），在"费率（%）"栏填上"10"即可自动计算"不含税暂定金额"，如图 3.2.27 所示。

图 3.2.27

2. 计日工的计取

计日工的数量和单价按照《广东省房屋建筑与装饰工程综合定额（2018）》的规定进行计取：预计数量由发包人根据拟建工程的具体情况，列出人工、材料、机具的名称、计量单位和相应数量，招标控制价和预算中计日工单价按工程所在地的工程造价信息计列；工程造价信息没有的，参考市场价格确定。工程结算时，工程量按承包人实际完成的工作量计算;单价按合同约定的计日工单价,合同没有约定的,按工程所在地的工程造价信息计列(其中人工按总说明签证用工规定执行)。

点击左侧导航栏中的"计日工费用",在右侧的"计日工费用"明细中进行单价填报后,"合价"即会根据输入的"数量"和"单价"自动生成,如图 3.2.28 所示。

图 3.2.28

3. 工程优质费的计取

发包人要求承包人创建优质工程,招标控制价和预算应按相关规定计列工程优质费。经有关部门鉴定或评定达到合同要求的,工程结算应按照合同约定计算。

工程优质费,合同没有约定的,参照图 3.2.29 中规定计算。

工程质量	市级质量奖	省级质量奖	国家级质量奖
计算基础	分部分项的(人工费+施工机具费)		
费用标准(%)	4.50	7.50	12.00

图 3.2.29

点击左侧导航栏中的"工程优质费",在右侧的"名称"中输入"工程优质费","取费基数"根据图 3.2.24 所示的计算基础选择"RGF+JXF"(人工费+机械费),根据项目所要达到的质量标准选择对应的费用标准,这里项目所要达到的质量标准为"市级质量奖",则选择费率为 4.5%。在"费率(%)"栏填写时,只需要输入"4.5",不需要输入"%",如图 3.2.30 所示。

图 3.2.30

4. 预算包干费的计取

预算包干费一般包括施工雨（污）水的排除、因地形影响造成的场内料具二次运输、20 m高以下的工程用水加压措施、施工材料堆放场地的整理、机电安装后的补洞（槽）工料、工程成品保护、施工中的临时停水停电、基础埋深2 m以内挖土方的塌方、日间照明施工增加（不包括地下室和特殊工程）、完工清场后的垃圾外运等费用。预算包干费一般按分部分项的人工费与施工机具费之和的7%计算。

点击左侧导航栏中的"预算包干费"，在右侧的"名称"中输入"预算包干费"，"取费基数"根据上述内容选择"RGF+JXF"（人工费+机械费），费率为7%。在"费率（%）"栏填写时，只需要输入"7"，不需要输入"%"，如图3.2.31所示。

图 3.2.31

按照上述方法，根据项目的实际情况填写完其他项目计价费用后，其汇总如图3.2.32所示。

序号		名称	计算基数	费率(%)	金额	费用类别	不可竞争费	不计入合
1	−	其他项目			120437.12			
2	ZLF	暂列金额	暂列金额		34916.51	暂列金额	☐	☐
3	ZGJ	暂估价	ZGJCLHJ+专业工程暂估价		20000	暂估价	☐	☑
4	ZGC	材料暂估价	ZGJCLHJ		0	材料暂估价	☐	☑
5	ZGGC	专业工程暂估价	专业工程暂估价		20000	专业工程暂估价	☐	☐
6	LXF	计日工	计日工		44600	计日工	☐	☐
7	ZCBFWF	总承包服务费	总承包服务费		0	总承包服务费	☐	☐
8	YSBGF	预算包干费	预算包干费		6358.23	预算包干费	☐	☐
9	GCYZF	工程优质费	工程优质费		4087.43	工程优质费	☐	☐
10	GSFDC	概算幅度差	概算幅度差		10474.95	概算幅度差	☐	☐
11	XCQZFY	现场签证费用	现场签证		0	现场签证	☐	☐
12	SPFY	索赔费用	索赔		0	索赔	☐	☐
13	QTFY	其他费用	其他费用		0	其他费用	☐	☐

图 3.2.32

3.2.5 调整人材机市场价

1. 载入信息价

广联达的"广材助手"软件提供了不同的价格信息,如图 3.2.33 所示。"信息价"是政府发布的价格信息;"广材网市场价"是供应商提供的市场价格信息,因为不同的供应商的产能、规模、地理位置、供应链等不同,报价也会有较大的差异。为了减少在项目实施过程中甲乙双方的材料价格争议,以"信息价"为依据来解决争议。

3.2.5 调整人材机市场价 微课视频

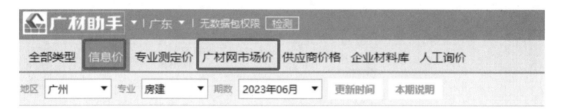

图 3.2.33

在 GCCP6.0 软件的界面,鼠标左键点击"人材机汇总",页面如图 3.2.34 所示。点击如图 3.2.35 所示的"载价"→"批量载价",弹出如图 3.2.36 所示的对话框,根据项目所处的城市以及所需要的时间进行选择后,点击"下一步"按钮,进入如图 3.2.37 所示的页面,再点击"下一步"按钮,进入如图 3.2.38 所示的页画,点击"完成"按钮即完成了信息价的载入。

图 3.2.34

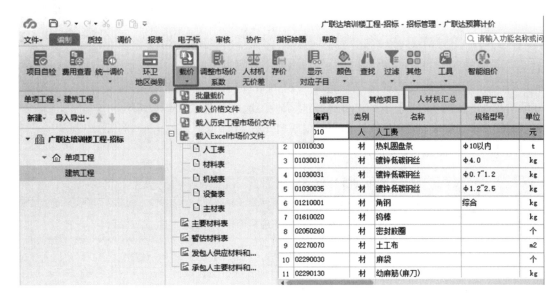

图 3.2.35

图 3.2.36

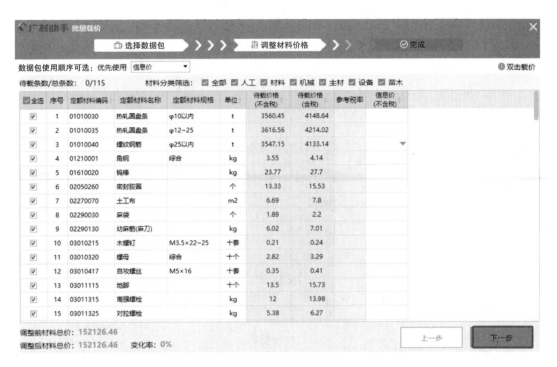

图 3.2.37

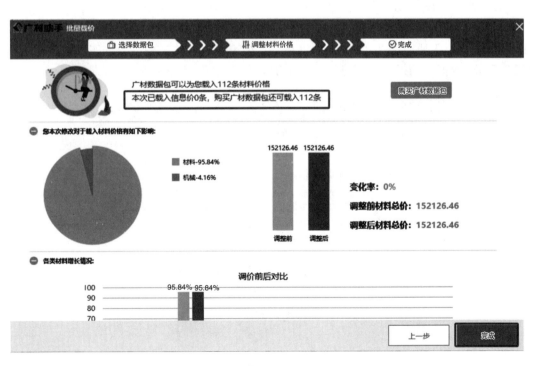

图 3.2.38

2. 设置主材

GCCP6.0 软件提供了三种设置主材的方式：按照材料价值大小、按照材料所占的百分比、按照主材和设备。

鼠标左键点击"人材机汇总"，在左侧导航栏选择"主要材料表"，在任意位置点击鼠标右键，选择"自动设置主要材料"，如图 3.2.39 所示。

图 3.2.39

在弹出的如图 3.2.40 所示的对话框中，可以选择三种主材设置的方式，在这里选择"方式一"，将"方式一：取材料价值前 20 位的材料"前的圆圈选中后，点击"确定"按钮，会弹出如图 3.2.41 所示的 20 条主材的信息。这里需要注意的是可以根据实际情况进行修改"20"这个数据。如果只需要显示材料价值前 5 的材料，将"20"改成"5"即可。

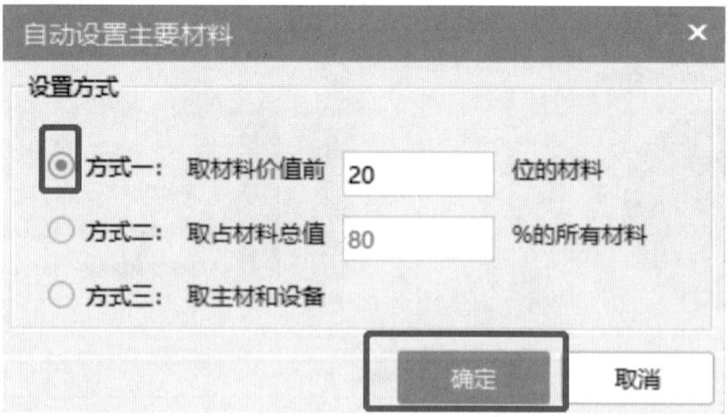

图 3.2.40

图 3.2.41

3.2.6 生成投标报价

1. 核查报价

在核查报价环节，主要是根据合同和图纸检查是否有漏项、是否有合价为"0"的清单行、造价费用组成是否合理等，这里需要不断积累经验，掌握各种造价指标才能更好地进行核查工作。

3.2.6 生成投标报价微课视频

点击"费用汇总"，找到"总造价"行的"金额"，用逆向思维去判断总造价的计算方式：总造价＝分部分项合计＋措施合计＋其他项目合计＋增值税销项税额。分部分项合计在第3.2.2节进行了计算，措施合计在第3.2.3节进行了计算，其他项目在第3.2.4节进行了计算，这里需要进行"增值税销项税额"的税率设置。实行"营改增"后，税率也在根据市场不断进行调整，这里以现行税率9%进行设置，如图3.2.42所示，在实际编制造价文件时，费率还需要根据合同进行调整。

图 3.2.42

2. 生成电子投标书

点击如图 3.2.43 所示的"电子标"→"生成投标书"→"选择导出位置"→"确定"后,弹出如图 3.2.44 所示的对话框,输入投标保证金(不得超过项目估算价的 2%)、工期、质量承诺、项目经理后即可生成后缀为".COS"的电子投标书。

图 3.2.43

图 3.2.44

3. 导出报表

点击"报表",可以根据需求选择"批量导出 Excel"或"批量导出 PDF",如图 3.2.45 所示。

图 3.2.45

选择"批量导出 Excel"后,弹出如图 3.2.46 所示的对话框,在"报表类型"后的下拉框中,选择"投标方",在"投标方"的模式下,"表-08　分部分项工程和单价措施项目清单与计价表"有三种模式,"表-09　综合单价分析表"有两种模式,这几种模式的计价费用是一致的,只需要根据实际的情况选择一种即可。点击右下角的"导出选择表"按钮,根据需要选择合适的保存路径,即可完成报表的导出。

图 3.2.46

模块四

BIM 在施工阶段的造价管理

任务 4.1

进度计量概述

知识目标
(1) 了解 GCCP6.0 软件进度计量的定义、目的、重要性。
(2) 了解 GCCP6.0 软件进度计量的操作流程。

能力目标
(1) 能明确工程进度计量的内容,提高进度计量数据准确性。
(2) 能掌握工程进度计量的操作流程,提高进度监控的效率。

思政素质目标
(1) 培养学生的责任感与敬业精神:进度计量是确保工程项目按时、按质、按量完成的重要环节,通过进度计量的学习和实践,学生能够深刻理解自己作为工程管理者或参与者所肩负的责任,培养起对工作的敬业精神和高度负责的态度。
(2) 培养学生的法治观念:进度计量工作必须遵循相关法律法规和合同条款的规定,通过学习和实践,学生可以加深对法律法规的理解和认识,树立法治观念,增强依法办事的意识和能力。

4.1.1 进度计量的定义与目的

1. 进度计量的定义

进度计量是对施工建设过程中已完成的合格工程数量或工作进行计量核对验收,以及对计量的工程数量或者工作进行计价活动的总称,也称为进度/月度报量。进度计量是工程项目管理中对已完成工程量的测量、确认和计价活动,旨在确保项目施工按照既定计划和预算顺利进行。

2. 进度计量的目的

进度计量的主要目的是作为支付进度款的依据,满足承包人建设过程中对资金的需求,确保项目施工活动的连续性和稳定性。同时,进度计量也有助于监控项目的实际进展情况,及时发现和解决施工中存在的问题,确保项目按时、按质、按量完成。

4.1.2 进度计量的主要内容与流程

1. 进度计量的主要内容

对已完成的工程量进行质量检验,确保其符合设计要求和质量标准,根据合同约定的计价方式和单价,对已确认的工程量进行计价,并按照约定的支付比例向承包人支付进度款。

2. 进度计量的流程

进度计量的流程是:新建进度计量文件→设置施工分期起至时间→上报当期分部分项工程量→上报当期措施项目工程量→上报当期其他项目工程量→人材机调差→汇总费用→查看造价分析→查看累计数据→输出报表。

4.1.3 进度计量的重要性

进度计量是项目成本控制和进度控制的重要手段,也是项目竣工结算的重要依据。通过进度计量,可以及时发现和解决项目实施过程中的问题,确保项目建设的顺利进行和目标的达成。

任务 4.2

进度计量文件编制

知识目标

(1) 掌握 GCCP6.0 软件进度计量的操作界面,新建进度计量文件。
(2) 掌握 GCCP6.0 软件编制进度计量文件的流程。

能力目标

(1) 能熟练应用 GCCP6.0 软件设置施工进度分期,能分期上报工程量。
(2) 通过 GCCP6.0 软件自动计算累计完成及未完成工程量,及时发现并处理进度偏差,提高进度监控效率。
(3) 通过 GCCP6.0 软件实现进度报量文件的生成和造价指标数据分析。
(4) 能够输出进度计量报表。

思政素质目标

(1) 培养学生以诚信为本的良好道德品质:在编制进度计量文件时,要坚持诚实守信的原则,确保所有数据的真实性和准确性。
(2) 培养学生的团队协作精神:在编制进度计量文件过程中,要注重与团队成员的沟通与协作,提升整体工作效率和质量。
(3) 培养学生的社会责任感:在编制进度计量文件时,要考虑项目对社会的贡献和环境的可持续性,努力推动绿色施工和可持续发展。

4.2.1 新建进度计量文件

GCCP6.0 软件提供了三种用于新建进度计量文件的方法。第一种方法是打开 GCCP6.0 软件,单击"进度计量",然后在软件界面右侧点击"浏览"并选择要转换的合同 GBQ 文件,如图 4.2.1 所示;第二种方法是打开 GCCP6.0 软件,在"最近文件"中找到合同 GBQ 文件,单击鼠标右键,在弹出的菜单中选择"转为进度计量",如图 4.2.2 所示;第三种方法是直接打开合同 GBQ 文件,选择菜单栏中的"文件",然后在下拉菜单中选择"转为进度计量",如图 4.2.3 所示。

4.2.1 新建进度计量文件 微课视频

图 4.2.1

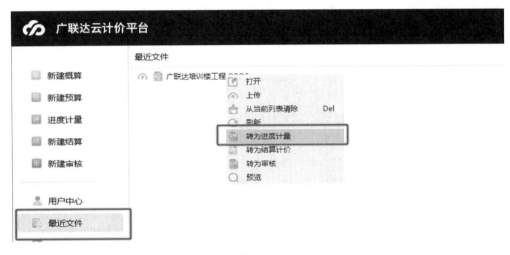

图 4.2.2

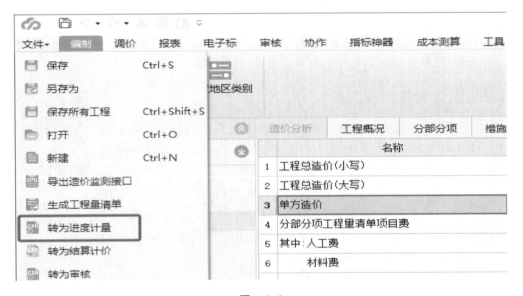

图 4.2.3

4.2.2 设置施工分期和修改施工起至时间

打开已转换完成的进度计量文件,选择当前期,软件默认当前期为第1期。根据合同规定的计量周期设置分期及起至时间,假设广联达培训楼工程进度报量分为4期,修改第1期起至时间为2024年3月1日—2024年3月31日,单击"添加分期"弹出"添加分期"对话框,新增计量分期第2期,修改第2期起至时间为2024年4月1日—2024年5月31日,如图4.2.4所示。以同样的操作继续添加分期,新增第3期的起至时间为2024年6月1日—2024年6月30日,新增第4期的起至时间为2024年7月1日—2024年7月31日。在项目界面切换到"形象进度",单击"查看多期",可以查看已建立好的分期,如图4.2.5所示。

4.2.2 设置施工分期和修改施工起至时间 微课视频

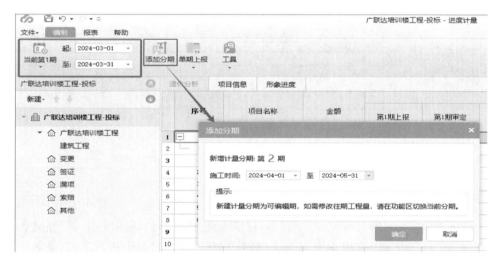

图 4.2.4

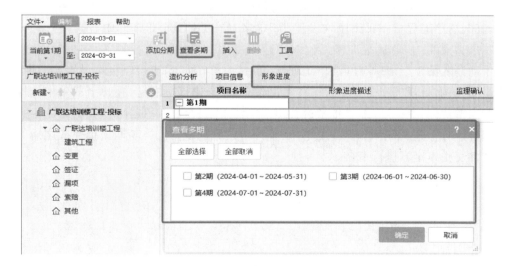

图 4.2.5

4.2.3 上报第 1 期分部分项工程量

1. 新建形象进度

4.2.3—4.2.7 第 1 期
进度报量 微课视频

本节重点对第 1 期的各项数据进行编辑上报，其他分期的进度报量操作方法同第 1 期。形象进度是按照整个项目的进展情况来呈现的，以广联达培训楼工程为例，施工第 1 期完成±0 以下全部施工内容。在 GCCP6.0 软件中，单击"形象进度"，选择当前期为第 1 期，在"第 1 期"的"项目名称"中输入"地下部分"，在"形象进度描述"中输入"±0 以下全部完成"，在"监理确认"和"建设单位确认"中均输入"已完成"，如图 4.2.6 所示。

图 4.2.6

2. 输入当前期清单工程量

已经转为进度计量文件的所有清单工程量均为 0，需要输入当前期的清单工程量。根据工程施工的实际情况手动输入工程量，或者批量设置当前期完成的工程量比例。广联达培训楼工程第 1 期±0 以下全部完成，需要上报工程量的有土石方工程、砌筑工程中的砖基础和垫层，以及混凝土及钢筋混凝土工程中的垫层、独立基础、矩形柱、基础梁、现浇构件钢筋；其中矩形柱的完成比例设置为 15%，现浇构件钢筋完成比例统一设置为 20%，其余清单工程量完成比例均设置为 100%。在 GCCP6.0 软件中，选择当前期为第 1 期，单击左侧的"广联达培训楼工程"→"建筑工程"，再切换到右侧界面的"分部分项"，即可手动输入第 1 期中所有的清单工程量，如图 4.2.7 所示；也可以批量设置当前期完成工程量的比例，批量选择需要上报工程量的清单，再点击鼠标右键，在弹出菜单中选择"批量设置当期比例（上报）"，即可批量设置当前期清单工程量的完成比例，如图 4.2.8 所示。

软件区分上报、审定列，供施工单位、审计单位分别填写。当前期上报完成之后，再将当前文件交由审定方进行审核。

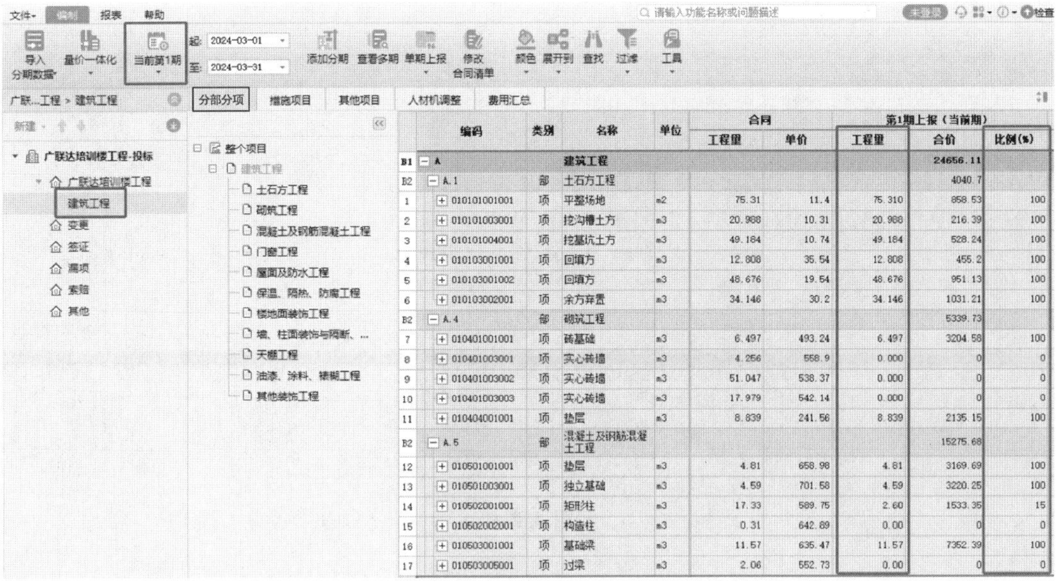

图 4.2.7

图 4.2.8

4.2.4 上报第 1 期措施项目工程量

切换界面到"措施项目",默认当前期为第 1 期。措施项目计量的方式有 3 种,分别是手动输入比例、按分部分项完成比例、按实际发生。计量的方式可以统一批量设置,也可以单独对某一项清单进行调整。措施项目费用分为单价措施费与总价措施费,在进度计量时,单价措施费与总价措施费会随着分部分项实体工程清单量的变化而变化,因此,广联达培训楼工程第 1 期的措施项目费计量方式按照"按分部分项完成比例"进行调整,如图 4.2.9 所示。移动水平滚动条,可查看第 1 期累计完成措施项目的累计完成工程量、累计完成比例及累计完成合价,如图 4.2.10 所示。

111

图 4.2.9

图 4.2.10

4.2.5 上报第1期其他项目工程量

单击"其他项目",切换当前期为第1期,"其他项目"中的"暂列金额"和"专业工程暂估价"都属于暂估金额,不宜列入进度款中,应纳入结算款调整范畴,因此,施工第1期上报的暂列金额和暂估金额均设置为0,如图4.2.11、图4.2.12所示。若在施工过程当中,暂列金额与专业工程暂估价已经实际发生并能确认具体金额,可纳入进度计量,按照实际的发生额填入相应分期中。关于计日工费用,按照劳动力计划,按实际发生数量手动输入即可,如图4.2.13所示。关于总承包服务费,则在结算时考虑。切换到"其他项目",可查看第1期的其他项目累计完成合价为28 900元,如图4.2.14所示。

模块四 BIM在施工阶段的造价管理

图 4.2.11

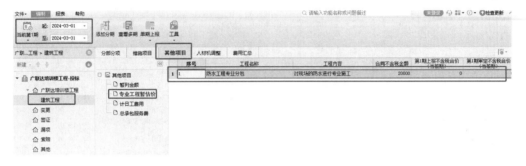

图 4.2.12

图 4.2.13

图 4.2.14

113

4.2.6 汇总第 1 期费用

点击"费用汇总"可以查看分部分项、措施费用、其他项目费用及其明细。第 1 期上报的金额为 90 256.32 元,其中分部分项工程上报金额为 44 657.27 元,措施项目上报金额为 9 246.69 元,其他项目上报金额为 28 900 元。当期不含人材机调差,因此价差取费合计为 0。如图 4.2.15 所示。

图 4.2.15

4.2.7 查看第 1 期造价分析

切换到单项工程"广联达培训楼工程",单击"造价分析",可以查看整个项目累计已上报金额和累计已完成比例。从造价分析中可知,第 1 期上报金额为 90 256.32 元,第 1 期累计完成进度计量比例为 15.28%,如图 4.2.16 所示。其他项目费中的暂列金额与暂估价未在进度计量中上报,也未调整人材机的价格,暂列金额与专业工程暂估价以及人材机的调整统一在结算时考虑。在工作界面单击鼠标右键,点击"页面显示列设置",可选择需要查看的其他数据,如图 4.2.17 所示。

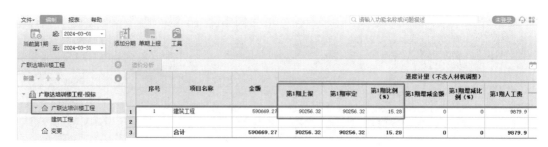

图 4.2.16

图 4.2.17

4.2.8 上报第 2 期分部分项工程量

1. 新建形象进度

在 GCCP6.0 软件中,单击"形象进度",切换当前期为第 2 期,如图 4.2.18 所示。施工第 2 期完成±0 以上主体结构和二次结构,在"形象进度描述"中输入"±0 以上主体结构、二次结构全部完成",在"监理确认"和"建设单位确认"中均输入"已完成",如图 4.2.19 所示。

4.2.8—4.2.12 第 2 期进度报量 微课视频

图 4.2.18

图 4.2.19

2. 输入当前期清单工程量

在 GCCP6.0 软件中,选择当前期为第 2 期,批量选择需要上报工程量的清单,再点击鼠标右键,选择"批量设置当期比例(上报)",即可批量设置当前期清单工程量的完成比例。广联达培训楼工程第 2 期±0 以上主体结构、二次结构全部完成,需要上报的工程量清单有砌筑工程的实心砖墙,混凝土及钢筋混凝土工程中的矩形柱、构造柱、过梁、有梁板、栏板、雨篷、悬挑板、阳台板、直形楼梯,以及门窗工程,设置上报完成比例为100%,如图 4.2.20 所示;混凝土及钢筋混凝土工程中的矩形柱和现浇构件钢筋,在第 1 期中上报完成比例分别为 15% 和 20%,在第 2 期中上报工程量比例分别为 85% 和 80%,如图 4.2.21 所示。

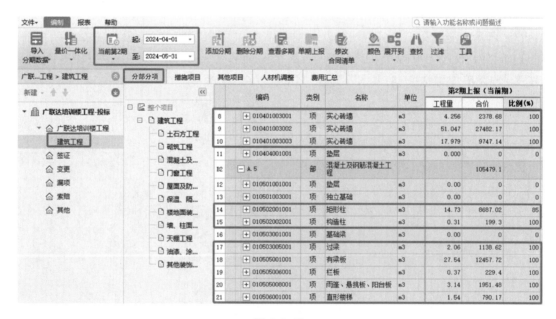

图 4.2.20

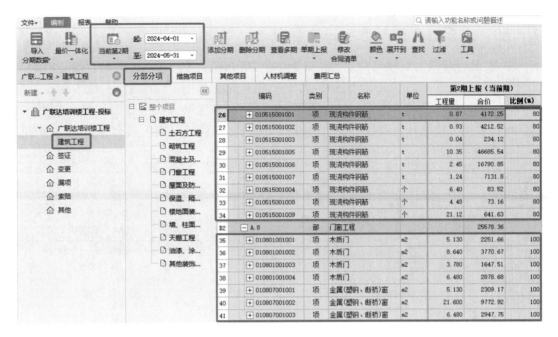

图 4.2.21

4.2.9 上报第 2 期措施项目工程量

切换界面到"措施项目",选择当前分期为第 2 期。广联达培训楼工程第 2 期的措施项目费计量方式按照"按分部分项完成比例"进行调整,如图 4.2.22 所示。移动水平滚动条,可查看第 2 期累计完成措施项目的累计完成工程量、累计完成比例及累计完成合价。

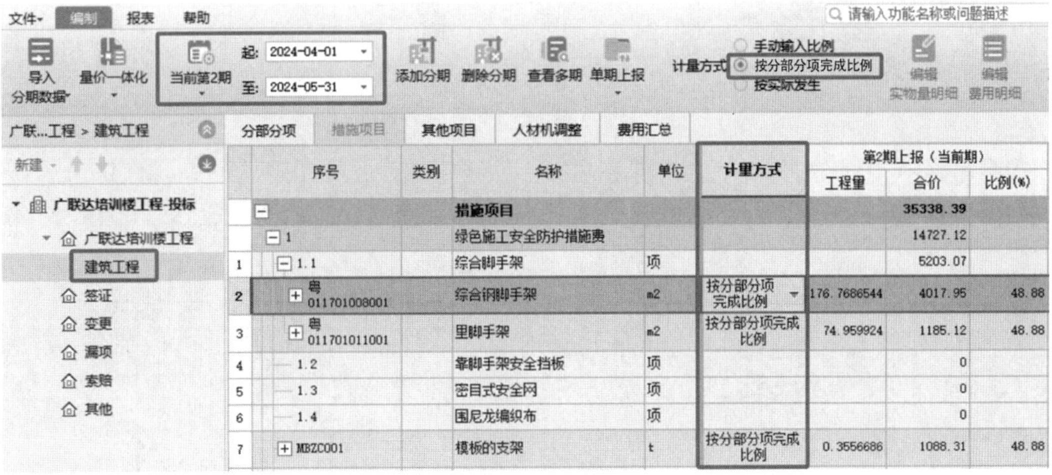

图 4.2.22

4.2.10 上报第 2 期其他项目工程量

单击"其他项目",切换当前期为第 2 期,施工第 2 期上报的暂列金额和暂估金额均设置为 0,如图 4.2.23、图 4.2.24 所示。关于计日工费用,按照劳动力计划,按实际发生数量手动输入,如图 4.2.25 所示。关于总承包服务费,则在结算时考虑。切换到"其他项目",可查看第 2 期的其他项目上报金额为 11 550 元,累计已完成上报金额为 40 450 元,如图 4.2.26 所示。

图 4.2.23

图 4.2.24

图 4.2.25

	序号	名称	计算基数	费率(%)	合同金额	第2期上报合价（当前期）	第2期审定合价（当前期）	累计完成合价	费用类别
1		其他项目			120437.12	11550	11550	40450	
2	ZLF	暂列金额	暂列金额		34916.51	0	0	0	暂列金额
3	ZGJ	暂估价	ZGJCLHJ+专业工程暂估价		20000	0	0	0	暂估价
4	ZGC	材料暂估价	ZGJCLHJ		0	0	0	0	材料暂估价
5	ZGGC	专业工程暂估价	专业工程暂估价		20000	0	0	0	专业工程暂估价
6	LXF	计日工	计日工		44600	11550	11550	42740	计日工
7	ZCBFWF	总承包服务费	总承包服务费		0	0	0	0	总承包服务费
8	YSBGF	预算包干费	预算包干费		6358.23	0	0	0	预算包干费
9	GCYZF	工程优质费	工程优质费		4087.43	0	0	0	工程优质费
10	GSFDC	概算幅度差	概算幅度差		10474.95	0	0	0	概算幅度差
11	XCQZFY	现场签证费用	现场签证		0	0	0	0	现场签证
12	SPFY	索赔费用	索赔		0	0	0	0	索赔
13	QTFY	其他费用	其他费用		0	0	0	0	其他费用

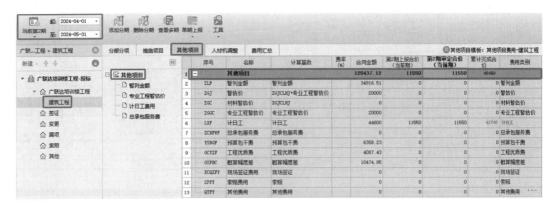

图 4.2.26

4.2.11 汇总第 2 期费用

点击“费用汇总”可以查看分部分项、措施费用、其他项目费用及其明细。第 2 期上报的总金额为 237 133.69 元，其中分部分项工程上报金额为 170 665.45 元，措施项目上报金额为 35 338.39 元，其他项目上报金额为 11 550 元，增值税销项税额为 19 579.85 元。当期不含人材机调差，因此价差取费合计为 0。如图 4.2.27 所示。

	序号	费用代号	基数说明	费率(%)	合同金额	第2期上报合价
1	1	_FHJ	分部分项合计		349,165.10	170,665.45
3	2	_CHJ	绿色施工安全防护措施费+其他措施费		72,296.19	35,338.39
6	3	_QTXM	其他项目合计		120,437.12	11,550.00
17	4	_SQGCZJ	分部分项合计+措施合计+其他项目		541,898.41	217,553.84
18	5	_SJ	分部分项合计+措施合计+其他项目	9	48,770.86	19,579.85
19	6	_ZZJ	分部分项合计+措施合计+其他项目+增值税销项税额		590,669.27	237,133.69
20	7	_RGF	分部分项人工费+技术措施项目人工费		111,566.98	40,662.49
21	8	JCHJ	价差税前工程造价+价差增值税销项税额		0.00	0.00
26	9	JC_ZZJ	总造价+价差取费合计		0.00	237,133.69
27	10	JC_RGF	分部分项人工费+技术措施项目人工费+人工费价差合计		0.00	40,662.49

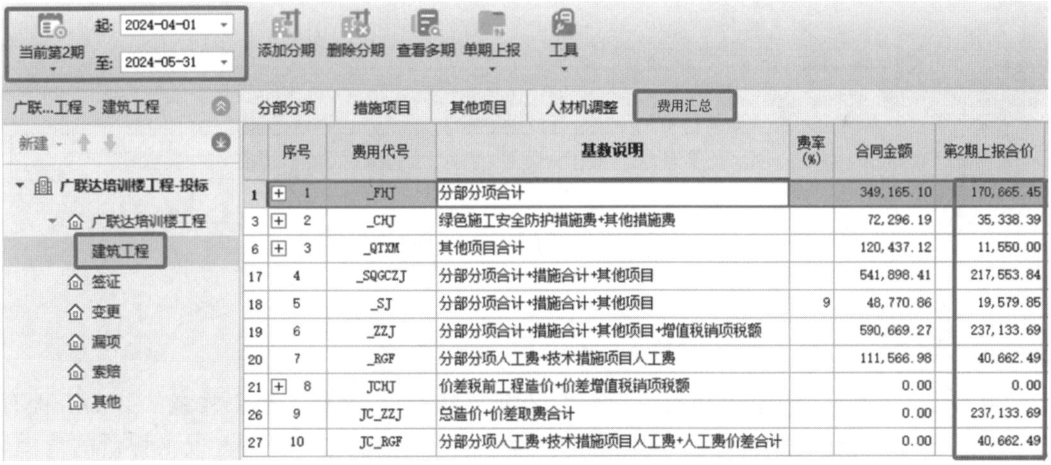

图 4.2.27

4.2.12 查看第 2 期造价分析

切换到单项工程“广联达培训楼工程”，单击“造价分析”，可以查看整个项目累计已上报金额和累计已完成比例。从造价分析中可知，第 2 期上报金额为 237 133.69 元，第 2 期完成进度计量比例为 40.15%，第 1 期与第 2 期累计上报金额为 327 390.01 元，累计完成进度计量比例为 55.43%，如图 4.2.28 所示。

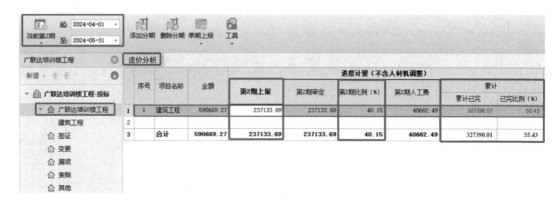

图 4.2.28

4.2.13 上报第 3 期分部分项工程量

1. 新建形象进度

在 GCCP6.0 软件中,单击"形象进度",切换当前期为第 3 期。施工第 3 期完成装饰装修工程,在"形象进度描述"中输入"装饰装修工程",在"监理确认"和"建设单位确认"中均输入"已完成",如图 4.2.29 所示。

4.2.13—4.2.17 第 3 期进度报量 微课视频

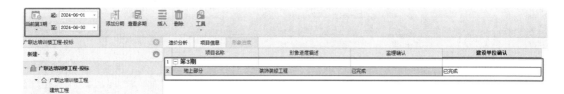

图 4.2.29

2. 输入当前期清单工程量

广联达培训楼工程第 3 期完成所有的装饰装修工程,需要上报工程量的分部工程有屋面及防水工程至其他装饰工程,如图 4.2.30 所示。批量选择需要上报工程量的清单,再点击鼠标右键,选择"批量设置当期比例(上报)",即可批量设置当前期清单工程量的完成比例,设置上报完成比例为 100%,如图 4.2.31 所示。

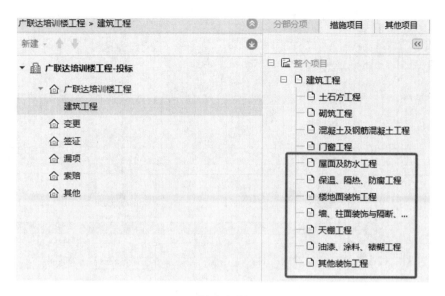

图 4.2.30

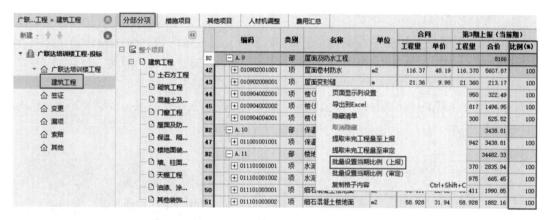

图 4.2.31

4.2.14 上报第 3 期措施项目工程量

切换界面到"措施项目",选择当前期为第 3 期。广联达培训楼工程第 3 期的措施项目费计量方式按照"按分部分项完成比例"进行调整,如图 4.2.32 所示。移动水平滚动条,可查看第 3 期累计完成措施项目的累计完成工程量、累计完成比例及累计完成合价。

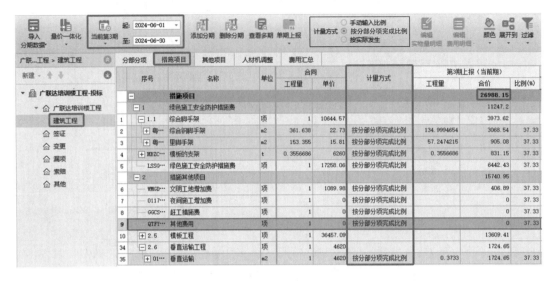

图 4.2.32

4.2.15 上报第3期其他项目工程量

单击"其他项目",切换当前期为第3期,施工第3期上报的暂列金额和暂估金额均设置为0,如图4.2.33、图4.2.34所示。关于计日工费用,按照劳动力计划,按实际发生数量手动输入,如图4.2.35所示。关于总承包服务费,则在结算时考虑。切换到"其他项目",可查看第3期的其他项目上报金额为2290元,累计已完成上报金额为42740元,如图4.2.36所示。

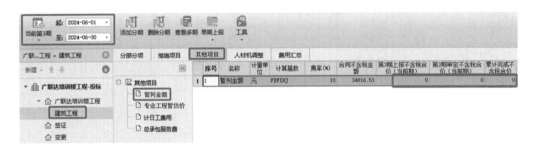

图 4.2.33

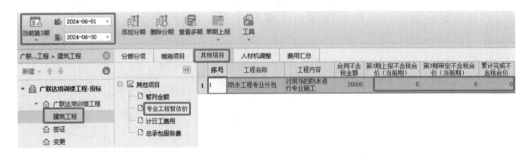

图 4.2.34

图 4.2.35

图 4.2.36

4.2.16 汇总第 3 期费用

点击"费用汇总"可以查看分部分项、措施费用、其他项目费用及其明细。第 3 期上报的总金额为 173 985 元,其中分部分项工程上报金额为 130 341.12 元,措施项目上报金额为 26 988.15 元,其他项目上报金额为 2 290.00 元,增值税销项税额为 14 365.73 元。当期不含人材机调差,因此价差取费合计为 0。如图 4.2.37 所示。

图 4.2.37

4.2.17 查看第3期造价分析

切换到单项工程"广联达培训楼工程",单击"造价分析",可以查看整个项目累计已上报金额和累计已完成比例。从造价分析中可知,第3期上报金额为 173 985 元,第3期完成进度计量比例为 29.46%,第1期、第2期和第3期累计上报金额为 501 375.01 元,累计完成进度计量比例为 84.88%,如图 4.2.38 所示。

图 4.2.38

4.2.18 上报第4期分部分项工程量

1. 新建形象进度

在 GCCP6.0 软件中,单击"形象进度",切换当前期为第4期。施工第4期完成零星工程,在"形象进度描述"中输入"零星工程全部完成",在"监理确认"和"建设单位确认"中均输入"已完成",如图 4.2.39 所示。

4.2.18—4.2.22 第4期进度报量 微课视频

模块四 BIM 在施工阶段的造价管理

图 4.2.39

2. 提取未完工程量

在完成前 3 期的清单工程量的设置之后，使用提取未完工程量功能，可在第 4 期中自动提取剩余的工程量。在 GCCP6.0 软件中，选择所有的清单，单击鼠标右键，选择"提取未完工程量至上报"，软件会自动统计出剩余的清单工程量，如图 4.2.40 所示。

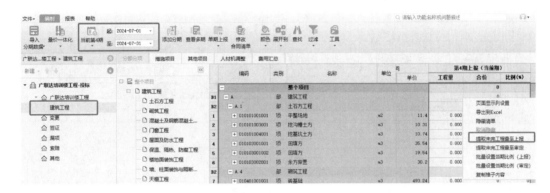

图 4.2.40

4.2.19 上报第 4 期措施项目工程量

切换界面到"措施项目"，选择当前期为第 4 期。广联达培训楼工程第 4 期的措施项目费计量方式按照"按分部分项完成比例"进行调整，如图 4.2.41 所示。移动水平滚动条，可查看第 4 期累计完成措施项目的累计完成工程量、累计完成比例及累计完成合价。

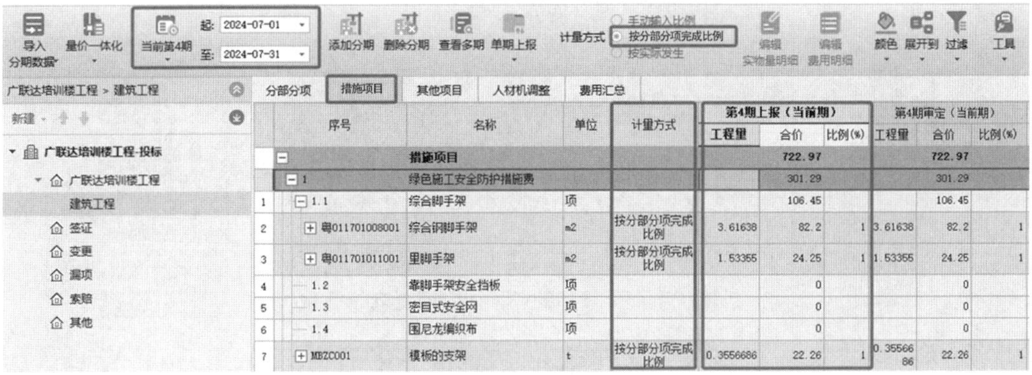

图 4.2.41

4.2.20 上报第4期其他项目工程量

单击"其他项目",切换当前期为第4期,施工第4期上报的暂列金额和暂估金额均设置为0,如图4.2.42、图4.2.43所示。关于计日工费用,按照劳动力计划,按实际发生数量手动输入,如图4.2.44所示。关于总承包服务费,则在结算时考虑。切换到"其他项目",可查看第4期的其他项目上报金额为1 860元,累计已完成上报金额为44 600元,如图4.2.45所示。

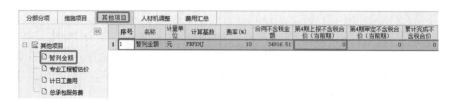

图 4.2.42

图 4.2.43

图 4.2.44

图 4.2.45

4.2.21 汇总第 4 期费用

点击“费用汇总”可以查看分部分项、措施费用、其他项目费用及其明细。第 4 期上报的总金额为 6 631.83 元，其中分部分项工程上报金额为 3 501.28 元，措施项目上报金额为 722.97 元，其他项目上报金额为 1 860 元，增值税销项税额为 547.58 元。当期不含人材机调差，因此价差取费合计为 0。如图 4.2.46 所示。

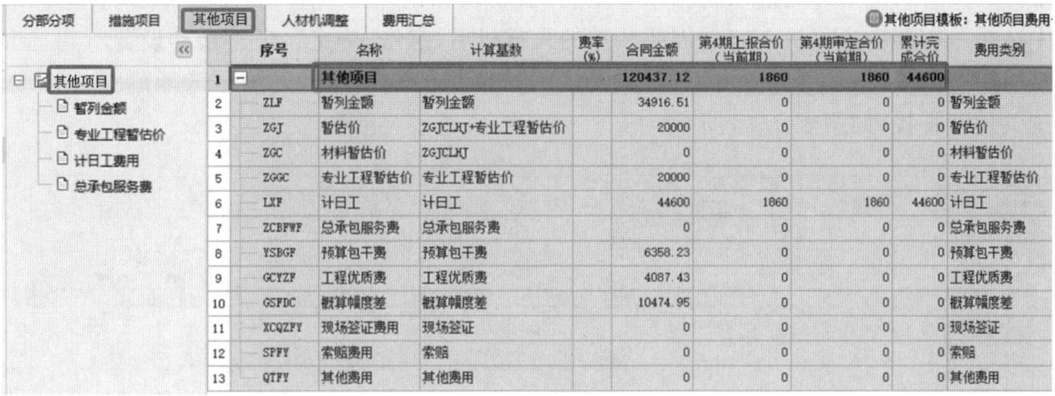

	序号	名称	计算基数	费率(%)	合同金额	第4期上报合价（当前期）	第4期审定合价（当前期）	累计完成合价	费用类别
1		其他项目			120437.12	1860	1860	44600	
2	ZLF	暂列金额	暂列金额		34916.51	0	0	0	暂列金额
3	ZGJ	暂估价	ZGJCLHJ+专业工程暂估价		20000	0	0	0	暂估价
4	ZGC	材料暂估价	ZGJCLHJ		0	0	0	0	材料暂估价
5	ZGGC	专业工程暂估价	专业工程暂估价		20000	0	0	0	专业工程暂估价
6	LXF	计日工	计日工		44600	1860	1860	44600	计日工
7	ZCBFWF	总承包服务费	总承包服务费		0	0	0	0	总承包服务费
8	YSBGF	预算包干费	预算包干费		6358.23	0	0	0	预算包干费
9	GCYZF	工程优质费	工程优质费		4087.43	0	0	0	工程优质费
10	GSFDC	概算幅度差	概算幅度差		10474.95	0	0	0	概算幅度差
11	XCQZFY	现场签证费用	现场签证		0	0	0	0	现场签证
12	SPFY	索赔费用	索赔		0	0	0	0	索赔
13	QTFY	其他费用	其他费用		0	0	0	0	其他费用

图 4.2.46

4.2.22 查看第 4 期造价分析

切换到单项工程“广联达培训楼工程”，单击“造价分析”，可以查看整个项目累计已上报金额和累计已完成比例。从造价分析中可知，第 4 期上报金额为 6 631.83 元，第 4 期完成进度计量比例为 1.12%，第 1 期、第 2 期、第 3 期、第 4 期累计上报金额为 508 006.84 元，累计完成进度计量比例为 86.01%，如图 4.2.47 所示。因为其他项目费中的暂列金额与暂估价未在进度计量中上报金额，也未调整人材机的价格，暂列金额与专业暂估价以及人材机的调整统一在结算时考虑。

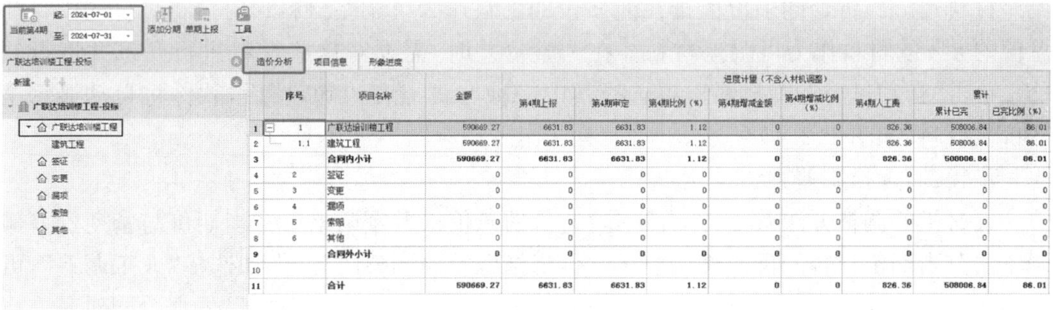

	序号	项目名称	金额	进度计量（不含人材机调整） 第4期上报	第4期审定	第4期比例（%）	第4期增减金额	第4期增减比例（%）	第4期人工费	累计 累计已完	已完比例（%）
1	1	广联达培训楼工程	590669.27	6631.83	6631.83	1.12	0	0	826.36	508006.84	86.01
2	1.1	建筑工程	590669.27	6631.83	6631.83	1.12	0	0	826.36	508006.84	86.01
3		合同内小计	590669.27	6631.83	6631.83	1.12	0	0	826.36	508006.84	86.01
4	2	签证	0	0	0	0	0	0	0	0	0
5	3	变更	0	0	0	0	0	0	0	0	0
6	4	漏项	0	0	0	0	0	0	0	0	0
7	5	索赔	0	0	0	0	0	0	0	0	0
8	6	其他	0	0	0	0	0	0	0	0	0
9		合同外小计	0	0	0	0	0	0	0	0	0
10											
11		合计	590669.27	6631.83	6631.83	1.12	0	0	826.36	508006.84	86.01

图 4.2.47

4.2.23 人材机调差

关于广联达培训楼工程的人材机的调整统一在结算时考虑,本节重点介绍人材机调整的方法,不要求在进度计量GBQ文件中进行调整。

步骤一:选择调差材料。

建设项目中一些人材机的价格可能会在短时间内发生比较明显的变化,因此合同中会对这类材料进行约定。以施工第1期为例,切换当前期为第1期,单击"从人材机汇总中选择",在相应人材机前勾选需要调差的人材机后,点击"确定",软件自动设置所勾选人材机为可调差材料。此外,可以勾选"人工""材料""机械"分类,以缩小选择范围,也可以按关键字查找,如图4.2.48所示。

图 4.2.48

合同中可能会对可调差材料有以下几种定义:其一,将某些约定为主材的材料作为可调差材料;其二,将合同中价值排在前 n 位的材料作为可调差材料;其三,将占合同中材料总值的 $n\%$ 的材料作为可调差材料。在调整价差时,需要对这些材料进行筛选并进行调价。单击"自动过滤调差材料",再选择其中一种方式,点击"确定"后,软件将自动显示全部价差材料,如图4.2.49所示。

步骤二:选择调差方法。

人材机的调整方法有4种,分别是"造价信息价格差额调整法""当期价与基期价差额调整法""当期价与合同价差额调整法""价格指数差额调整法"。例如选择"人工调差",可先在功能区选择"造价信息价格差额调整法";再选择"风险幅度范围",根据合同对其进行设置,如图4.2.50所示;然后再输入基期价不含税单价和当期不含税单价,如图4.2.51所示。

图 4.2.49

图 4.2.50

图 4.2.51

步骤三:设置风险幅度范围。

切换到"材料调差",框选需要统一调整的材料,再单击"风险幅度范围",输入风险幅度范围,点击"确定",完成风险幅度范围调整,如图4.2.52所示。也可单独设置风险幅度范围,选择需要调整的材料,右键点击,在弹出菜单中选择"风险幅度范围",如图4.2.53所示,输入所需的数值,点击"确定",即完成该种材料的风险幅度范围调整。

图 4.2.52

图 4.2.53

步骤四:批量载价。

选择需要调差的人材机,在工具栏中点击"载价",选择"当期价批量载价"或"基期价批量载价",如图4.2.54所示;然后直接选定材价文件并点击"下一步",如图4.2.55所示。

图 4.2.54

图 4.2.55

步骤五:设置人材机价差取费。

关于合同文件中约定人材机调差部分差额的取费形式有两种:其一,差额部分只记取税金;其二,差额部分记取规费以及税金。在调差界面中选择需要修改取费形式的材料,找到"取费"列并按照合同情况对价差部分的取费形式进行修改,如图 4.2.56 所示。取费形式调整完成后,费用汇总以及报表部分将会联动修改。

图 4.2.56

4.2.24 查看累计数据和红色预警问题

1. 查看累计完成数据

施工单位每月进行进度款上报时,除了本期上报数据外,还需上报往期的累计数据;施工单位对施工进度或进度款进行管理时,也需要以往期已发生的累计数据为依据。任意选择其中的分期期限,切换到"分部分项",移动水平滚动条,找到累计完成工程量、累计完成合价及累计完成比例等列。当前完成了广联达培训楼工程共计4期分部分项工程进度报量,累计上报分部分项工程合价为349 165.12元,如图4.2.57所示。

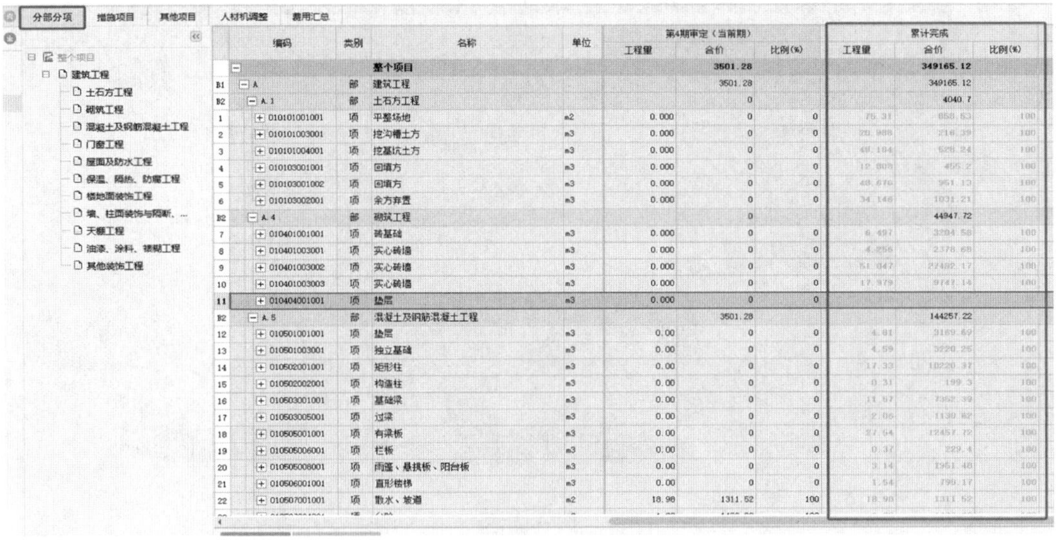

图4.2.57

切换到"措施项目",移动水平滚动条,找到累计完成工程量、累计完成合价及累计完成比例等列。当前完成了广联达培训楼工程共计4期分部分项工程进度报量,累计上报措施项目费用为72 296.20元,如图4.2.58所示。

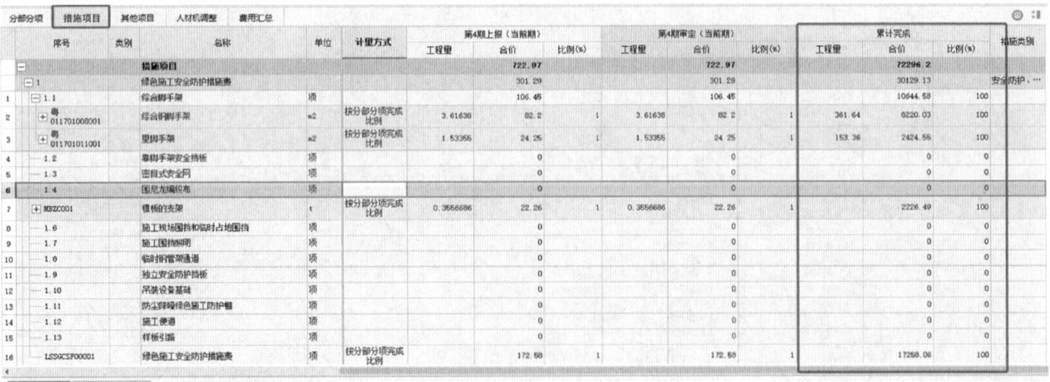

图4.2.58

切换到“其他项目”，移动水平滚动条，找到累计完成工程量、累计完成合价及累计完成比例等列。当前完成了广联达培训楼工程共计 4 期分部分项工程进度报量，累计上报措施项目费用为 44 600 元，如图 4.2.59 所示。

分部分项 | 措施项目 | 其他项目 | 人材机调整 | 费用汇总

	序号	名称	计算基数	费率(%)	合同金额	第4期上报合价（当前期）	第4期审定合价（当前期）	累计完成合价	费用类别	不计入合价
1	−	其他项目			120437.12	1860	1860	44600		
2	ZLF	暂列金额	暂列金额		34916.51	0	0	0	暂列金额	
3	ZGJ	暂估价	ZGJCLHJ+专业工程暂估价		20000	0	0	0	暂估价	
4	ZGC	材料暂估价	ZGJCLHJ		0	0	0	0	材料暂估价	
5	ZGGC	专业工程暂估价	专业工程暂估价		20000	0	0	0	专业工程暂估价	
6	LXF	计日工	计日工		44600	1860	1860	44600	计日工	
7	ZCBFWF	总承包服务费	总承包服务费		0	0	0	0	总承包服务费	
8	YSBGF	预算包干费	预算包干费		6358.23	0	0	0	预算包干费	
9	GCYZF	工程优质费	工程优质费		4087.43	0	0	0	工程优质费	
10	GSFDC	概算幅度差	概算幅度差		10474.95	0	0	0	概算幅度差	
11	XCQZFY	现场签证费用	现场签证		0	0	0	0	现场签证	
12	SPFY	索赔费用	索赔		0	0	0	0	索赔	
13	QTFY	其他费用	其他费用		0	0	0	0	其他费用	

图 4.2.59

切换到“人材机调整”，移动水平滚动条，找到累计完成工程量、累计完成合价及累计完成比例等列。关于人材机的调整统一在结算时考虑，4 期的进度计量不含人材机调差，因此价差取费合计为 0，累计人材机价差为 0，如图 4.2.60 所示。

分部分项 | 措施项目 | 其他项目 | 人材机调整 | 费用汇总　　价差合计:0　累计价差合计:0

	编码	类别	名称	规格型号	单位	合同		第4期			累计完成			供货方式
						数量	不含税市场价	数量	不含税市场价合价	价差合计	工程量	合价	价差合计	
1	00010010	人	人工费		元	111566.9634	1	826.3196	826.32	0	111566.9704	111566.96	0	自行采购
2	01010030	材	热轧圆盘条	Φ10以内	t	1.1155	3560.45	0	0	0	1.1155	3971.67	0	自行采购
3	01010035	材	热轧圆盘条	Φ12~25	t	1.189	3616.56	0	0	0	1.1891	4300.45	0	自行采购
4	01010040	材	螺纹钢筋	Φ25以内	t	13.2635	3547.15	0	0	0	13.2636	47047.97	0	自行采购
5	01010120	材	螺纹钢筋	Φ10以内	t	0.051	4694.61	0	0	0	0.051	239.43	0	自行采购
6	01030017	材	镀锌低碳钢丝	Φ4.0	kg	82.0452	5.86	0.7716	4.52	0	82.0463	460.79	0	自行采购
7	01030031	材	镀锌低碳钢丝	Φ0.7~1.2	kg	81.9127	5.86	0.0187	0.11	0	81.9128	480.01	0	自行采购
8	01030035	材	镀锌低碳钢丝	Φ1.2~2.5	kg	3.0739	5.86	0.0307	0.18	0	3.0739	18	0	自行采购
9	01090022	材	圆钢	Φ10以内	t	3.1212	4753.52	0	0	0	3.1212	14836.69	0	自行采购
10	01090030	材	圆钢	Φ12~25	t	1.5888	4498.35	0	0	0	1.5888	7146.98	0	自行采购
11	01210001	材	角钢	综合	kg	6.24	3.55	0	0	0	6.24	22.15	0	自行采购
12	01610020	材	钨棒		kg	0.4275	23.77	0	0	0	0.4275	10.16	0	自行采购
13	02050260	材	密封胶圈		个	2.1123	13.33	0.1353	1.8	0	2.1123	28.15	0	自行采购
14	02270070	材	土工布		m2	170.8276	6.69	0	0	0	170.8275	1142.84	0	自行采购
15	02290030	材	麻袋		个	3.564	1.89	0	0	0	3.564	6.74	0	自行采购
16	02290130	材	纺麻筋(麻刀)		kg	0.713	6.02	0	0	0	0.713	4.29	0	自行采购
17	03010215	材	木螺钉	M3.5×22~25	十套	57.3393	0.21	0	0	0	57.3393	12.04	0	自行采购
18	03010320	材	螺母	综合	十个	4.8204	2.82	0	0	0	4.8204	13.59	0	自行采购
19	03010417	材	自攻螺丝	M5×16	十套	19.2992	0.35	0	0	0	19.2992	6.75	0	自行采购
20	03011115	材	地脚		十个	18.5639	13.5	0	0	0	18.5639	250.61	0	自行采购
21	03011315	材	高强螺栓		kg	0.1654	12	0	0	0	0.1654	1.98	0	自行采购
22	03011325	材	对拉螺栓		kg	22.5725	5.38	0.2258	1.21	0	22.5728	121.43	0	自行采购
23	03013121	材	膨胀螺栓	M6×80	十套	5.1333	2.65	0.0072	0.02	0	5.1332	13.61	0	自行采购
24	03013421	材	塑料膨胀螺栓	综合	十套	18.7479	0.27	0	0	0	18.7479	5.06	0	自行采购
25	03016191	材	专用螺母垫圈	Q235 3#	块	2.418	0.99	0	0	0	2.418	2.39	0	自行采购
26	03019011	材	圆钉	30~45	kg	2.0422	3.65	0	0	0	2.0422	7.45	0	自行采购
27	03019021	材	圆钉	50~75	kg	64.0811	3.54	0.6094	2.16	0	64.0807	226.85	0	自行采购
28	03019031	材	射钉		十个	181.7568	0.06	0	0	0	181.7568	10.91	0	自行采购
29	03019041	材	枪钉		盒	0.3058	6.35	0	0	0	0.3058	1.94	0	自行采购
30	03019051	材	水泥钉		kg	0.3774	6.52	0	0	0	0.3774	2.46	0	自行采购
31	03019161	材	马钉	综合	kg	1.764	5.21	0	0	0	1.764	9.19	0	自行采购
32	03033026	材	弓形拉手	100	百个	0.1405	23.17	0	0	0	0.1405	3.26	0	自行采购
33	03033101	材	门窗铰	100	百个	0.276	155.34	0	0	0	0.276	42.87	0	自行采购
34	03033121	材	铁插销	100	付	12.036	0.45	0	0	0	12.036	5.42	0	自行采购

图 4.2.60

2. 查看红色预警问题

当上报的工程量超过合同工程量时，或者上报工程量累计比例超过 100%时，软件中该工程量的数据会自动呈现出红色,而正常的数据呈现的是绿色。通过红色预警的数据,可以查看问题数据。

4.2.25 修改合同清单

在施工过程中,若遇到工程变更,需要对合同清单进行修改的,可切换界面到"分部分项",单击"修改合同清单",即显示原合同清单界面,如图 4.2.61 所示。在该界面下可对原合同清单进行修改和补充,也可以修改清单的"项目特征""工程量"等列,如图 4.2.62 所示。例如要将独立基础混凝土强度等级由 C30 修改为 C25,直接对清单中的项目特征进行修改,再单击"应用修改"即可,如图 4.2.63 所示。

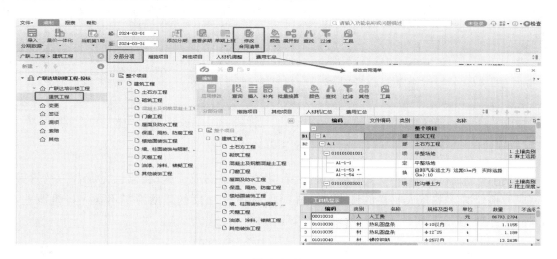

图 4.2.61

4.2.62

图 4.2.63

4.2.26 进度报量,输出报表

1. 导入和导出进度计量 GBQ 文件

进度计量文件是申报进度款的依据,也是竣工结算的重要文件,GCCP6.0软件能实现进度报量文件的生成和导入。导出和导入进度计量文件的具体做法是:切换界面到"费用汇总",单击"单期上报",若要导出进度计量文件则选择"生成当期进度文件",若要导入进度计量文件则选择"导入当期上报进度"或者"导入当期审定进度",如图4.2.64所示。

4.2.26 进度报量,输出报表 微课视频

图 4.2.64

2. 查看并输出报表

选择当前期(第1期),单击"报表",可批量导出所需分期的进度计量报表,报表类型有"单位工程进度计量单位汇总表""分部分项工程进度计量表""措施项目清单与计价表"等,导出的方式有"批量导出 Excel"和"批量导出 PDF",可批量导出和打印进度计量报表,如图 4.2.65 所示。

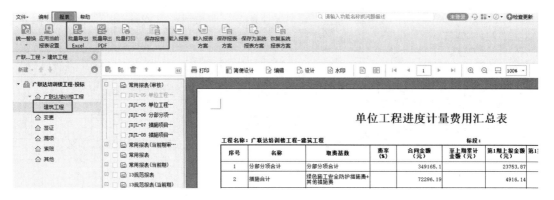

图 4.2.65

模块五

BIM 在结算阶段的造价管理

任务 5.1

工程结算的基础知识

知识目标
(1) 掌握工程结算的概念、类型及合同内外结算的划分原则。
(2) 熟悉结算编制依据、价款调整方法及工程量量差的成因分析。

能力目标
(1) 能依据合同文件与变更签证整理结算依据并核对工程量。
(2) 能运用清单计价规范计算量差、价差并调整综合单价。

思政素质目标
(1) 培养学生实事求是的职业态度,确保结算数据真实反映工程实际。
(2) 强化学生的契约精神与合规意识,使其严格履行合同约定的计价规则。

5.1.1 工程结算概述

1. 概念

工程竣工结算是指某单项工程、单位工程或分部分项工程完工后,经验收质量合格并符合合同要求,承包人向发包人进行的最终工程价款结算的过程。建设工程竣工结算的主要工作是发包人和承包人双方根据合同约定的计价方式,并依据招投标的相关文件,包括施工合同、竣工图纸、设计变更通知书、现场签证等,对承发包双方确认的工程量进行计价。

工程竣工结算是工程造价管理的最后一环,也是最重要的一环。它是承包人总结工作经验教训、考核工程成本和进行经济核算的依据,也是总结、提高和衡量企业管理水平的标准。工程竣工结算一般分为单位工程竣工结算、单项工程竣工结算和建设项目竣工总结算。

工程竣工结算依据合同内容划分为合同内结算和合同外结算。合同内结算包括分部分项、措施项目、其他项目、人材机价差、规费、税金等。合同外结算包括变更、签证、工程量偏差、索赔、人材机调差等。

2. 编制依据

（1）工程结算编制依据

①国家有关法律、法规、规章制度和相关的司法解释。

②国务院建设行政主管部门以及各省、自治区、直辖市和有关部门发布的工程造价计价标准、计价办法、有关规定及相关解释。

③施工方承包合同、专业分包合同及补充合同，有关材料、设备采购合同。

④招投标文件，包括招标答疑文件、投标承诺、中标报价书及其组成内容。

⑤工程竣工图或施工图、施工图会审记录，经批准的施工组织设计，以及设计变更、工程洽商和相关会议纪要。

⑥经批准的开、竣工报告或停、复工报告。

⑦建设工程工程量清单计价规范或工程预算定额、费用定额及价格信息、调价规定等。

⑧工程预算书。

⑨影响工程造价的相关资料。

（2）竣工结算编制依据

编制竣工结算文件时，除工程结算编制依据之外，还包括以下文件：

①施工甩项说明。

②若图纸变更太大，应结合图纸会审、设计变更等内容重新绘制竣工图。

③工程竣工验收证明。

无论是工程结算编制还是竣工结算编制需要的资料，记录均应翔实全面，书写认真规范，语言简练，意思表达清楚，通过文字形式完整记录、反映、证明整个工程造价发生的过程和内容，已变更的有关资料应予以删除或做出标志和说明。所有这些资料应由专人负责收集、保管、整理和解释。

3. 结算方式

工程结算的方式主要分为中间结算和竣工后一次结算。

4. 工程价款调整方法

工程价款调整原则按照《建设工程工程量清单计价规范》（GB 50500—2013）的规定，当有以下15种情况之一发生时均可以对合同价款进行调整：法律法规变化、工程变更、工程量偏差、项目特征不符、工程量清单缺项、计日工、物价变化、暂估价、不可抗力、提前竣工、误期补偿、索赔、现场签证、暂列金额以及双方约定的其他调整事项。

当工程变更导致该清单项目的工程数量发生变化，且工程量偏差超过15%时，可进行调整。当工程量增加15%以上时，增加部分的工程量的综合单价应予调低；当工程量减少15%以上时，减少后剩余部分的工程量的综合单价应予调高。

5.1.2 工程结算计价的工作内容

1. 结算计价的主要工作

①整理结算依据。
②计算和核对结算工程量。
③对合同内外各种项目计价(人材机调差、签证、变更资料上报等)。
④按要求格式汇总整理形成上报文件。

2. 结算计价的重点工作

进行工程竣工结算,需要进行工程量量差调整、材料价差调整和费用调整。

(1) 工程量量差的调整

工程量的量差是指实际完成工程量与合同工程量的偏差,包括施工情况与地勘报告不同、设计修改与漏项而增减的工程量,现场工程签证、变更等。工程量的量差是编制竣工结算的主要部分。

这部分量差一般由以下原因造成:

①设计单位提出的设计变更。工程开工后,由于某种原因,设计单位要求改变某些施工方法,经与建设单位协商后,填写"设计变更通知单",将其作为结算时增减工程量的依据。

②施工单位提出的设计变更。此种情况比较多见,由于施工方面的原因,如施工条件发生变化、某种材料缺货需改用其他材料等,要求设计单位进行设计变更。经设计单位和建设单位同意后,填写"设计变更洽商记录",将其作为结算时增减工程量的依据。

③建设单位提出的设计变更。工程开工后,建设单位根据自身的意向和资金到位情况,增减某些具体工程项目或改变某些施工方法。经与设计单位、施工单位、监理单位协商后,填写"设计变更洽商记录",将其作为结算时增减工程量的依据。

④监理单位或建设单位工程师提出的设计变更。此种情况是因为发现有设计错误或不足之处,经设计单位同意提出设计变更。

⑤施工中遇到某种特殊情况引起的设计变更。在施工中由于遇到一些原设计无法预计的情况,如基础开挖后遇到古墓、枯井、孤石等要进行处理时,设计单位、建设单位、施工单位、监理单位要共同研究,提出具体处理意见,同时填写"设计变更洽商记录",将其作为结算时增减工程量的依据。

(2) 材料价差的调整

材料价差是指人材机市场价的波动、工艺变更导致综合单价的变化,以及由于清单工程量超过风险幅度约定范围导致的综合单价的调整(由量差导致的价差)。在工程竣工结算中,材料价差的调整范围应严格按照合同约定办理,不允许擅自调整。

由建设单位供应并按材料预算价格转给施工单位的材料,在工程竣工结算时不得调整。由施工单位采购的材料进行价差调整,必须在签订合同时明确材料价差调整的方法。

（3）费用调整

费用调整是指以直接费或人工费为计费基础计算的其他直接费、现场经费、间接费、计划利润和税金等费用的调整。工程量的增减变化会引起措施费、间接费、利润和税金等费用的增减，这些费用应按当地费用定额的规定作相应调整。

各种材料价差一般不调整间接费。因为费用定额是在正常条件下制定的，不能随材料价格的变化而变动。但各种材料价差应列入工程预算成本，按当地费用定额的规定，计取计划利润和税金。

其他费用，如属于政策性的调整费、因建设单位原因发生的窝工费用、建设单位向施工单位的清工和借工费用等，应按当地规定的计算方式在结算时一次清算。

任务 5.2

编制结算计价的特点和流程

知识目标

（1）掌握 GCCP6.0 软件结算计价中合同文件转换、量差对比及价差调整的核心功能。

（2）熟悉清单工程量偏差处理规则及合同外费用的分类与计算方法。

能力目标

（1）能利用软件自动转换验工计价文件并生成结算文件。

（2）能通过软件进行量差分析、综合单价调整及人材机价差计算。

思政素质目标

（1）培养学生 BIM 技术驱动的数字化结算思维，提升造价管理效率。

（2）强化学生的流程合规意识，确保合同内外费用计算的准确性与规范性。

对于结算工程量而言，我们通常按以下流程进行思考与操作：

（1）验工计价一般是以合同数据为基础，在合同计价文件基础上直接编辑进度计量，施工过程中涉及的变更、洽商和索赔按相关规定和流程进行。验工计价文件可通过 GCCP6.0 软件直接转为结算文件。

（2）清单工程量超出合同范围时，对超出部分的综合单价如何计算？《建设工程工程量清单计价规范》(GB 50500—2013)中明确说明，清单工程量偏差低于 15% 的，综合单价不予调整；超出 15% 的，超出部分的综合单价需要进行调整。因此，需要把每一项清单的合同工程量和结算工程量进行对比，再找出偏差大于 15% 的清单项，重新计算这些清单项的综合单价。除此之外，还要考虑人材机价差的调整。这是一项非常繁重而易错的工作。

（3）如何处理合同外的费用及变更、签证？通常情况下，一个项目的变更、签证有成百上千条，如果要把每一条相关的合同外费用都一一统计出来，将是一项非常庞大而繁重的工作。GCCP6.0 软件的结算计价功能可以帮助我们解决上述问题。首先，其可以直接将验工计价文件转换为结算文件；其次，当结算方式为一次性结算时，就需要重新对工程的量价进行核实，这时也可以将合同文件转换为结算文件。再次，软件可以自动进行量差对比和价差调整。最后，软件可以进行合同外相关费用的输入和计算。

传统结算计价流程与 GCCP6.0 软件结算计价操作流程分别如图 5.2.1、图 5.2.2 所示。

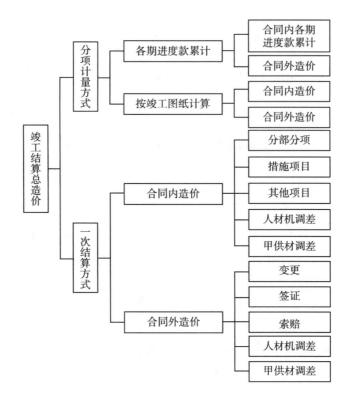

图 5.2.1

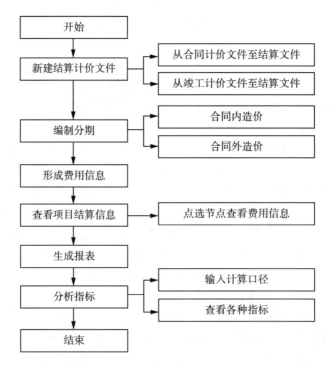

图 5.2.2

任务 5.3

结算清单编制

知识目标

(1) 掌握合同内工程量偏差调整规则及 GCCP6.0 软件量差分析功能。
(2) 熟悉变更、签证、漏项等合同外费用的分类与编制方法。

能力目标

(1) 能通过软件自动识别超 15% 量差清单并调整综合单价。
(2) 能运用复用合同清单功能处理设计变更与漏项补充。
(3) 能掌握软件编制结算清单。

思政素质目标

(1) 培养学生数据驱动的精准结算意识,确保量价调整合规性。
(2) 强化学生 BIM 技术赋能结算管理的创新思维,提升其数字化协同能力。

5.3.1 调整合同内造价

(1) 合同中写明"已标价工程量清单中有适用于变更工程项目的,且工程变更导致该清单项目的工程数量变化不足 15% 时,采用该项目的单价"的,需要根据合同要求确定工程量偏差预警范围。本案例工程为 -15%~15%。

5.3.1 调整合同内造价 微课视频

首先单击左侧已建立好的单位工程名称,如"广联达培训楼工程",然后单击"文件",在下拉菜单中选择"选项",在弹出的"选项"对话框中选择"结算设置",按照合同修改工程量偏差范围,如图 5.3.1 所示。

(2) 合同中写明"已标价工程量清单中没有适用也没有类似于变更工程项目的,由承包人根据变更工程资料、计量规则和计价办法、工程造价管理机构发布的信息(参考)价格和承包人报价浮动率,提出变更工程项目的单价或总价,报发包人确认后调整"的,需要确定结算工程量,查看超出 15% 红色预警项。本案例工程中发现"现浇构件钢筋"的合同工程量和结算工程量量差比例超过了 15%,此时应对超出部分的综合单价进行调整,如图 5.3.2 所示。

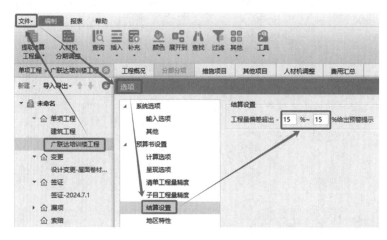

图 5.3.1

	编码	类别	名称	单位	锁定综合单价	合同工程量	合同单价	★结算工程量	结算合价	量差	量差比例(%)
26	010515001001	项	现浇构件钢筋	t		1.09	4795.69	0.88	4220.21	-0.21	-19.27
27	010515001002	项	现浇构件钢筋	t		1.16	4529.59	1.10	4982.55	-0.06	-5.17
28	010515001003	项	现浇构件钢筋	t		0.05	5853	0.07	409.71	0.02	40
29	010515001005	项	现浇构件钢筋	t		12.94	4510.68	12.88	58097.56	-0.06	-0.46
30	010515001006	项	现浇构件钢筋	t		3.06	6853.41	4.25	29126.99	1.19	38.89
31	010515001007	项	现浇构件钢筋	t		1.55	5751.45	1.65	9489.89	0.10	6.45
32	010515001004	项	现浇构件钢筋	个		8	13.05	6.00	78.3	-2.00	-25
33	010515001008	项	现浇构件钢筋	个		5.6	16.33	6.00	97.98	0.40	7.14
34	010515001009	项	现浇构件钢筋	个		26.4	30.38	27.00	820.26	0.60	2.27

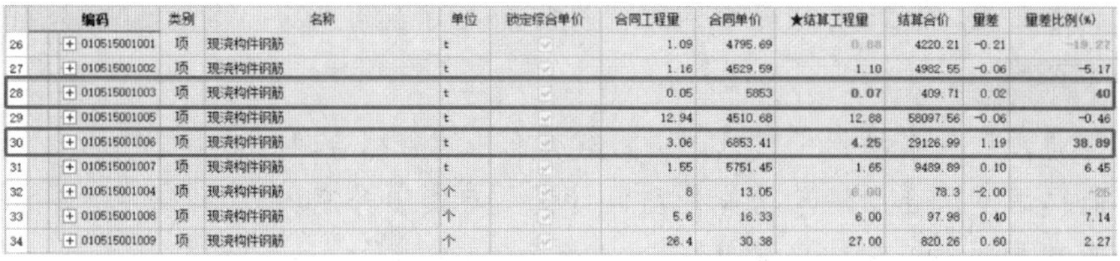

图 5.3.2

(3) 对于量差比例超过 15%的项目,应作为合同外情况处理。鼠标左键单击左侧的“其他”,然后鼠标右键单击,在弹出的菜单中选择“新建其他”,如图 5.3.3 所示,在弹出的“新建单位工程”对话框中输入工程名称为“量差调整”,最后单击“立即新建”按钮,如图 5.3.4 所示。

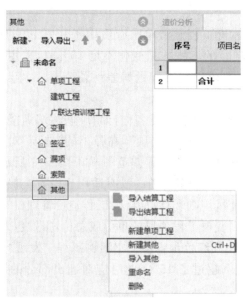

图 5.3.3

图 5.3.4

（4）利用"复用合同清单"功能，找到量差比例超过15%的项目。单击"复用合同清单"，如图5.3.5所示，在弹出的页面中勾选"过滤规则"就能自动过滤出量差比例超过15%的项目，勾选"全选"方框就能选中所有的项目。需要注意的是，在"清单复用规则"中选择"清单和组价全部复制"，在"工程量复用规则"中选择"量差幅度以外的工程量"，单击"确定"按钮，如图5.3.6所示，这时会弹出"合同内采用的是分期调差，合同外复用部分工程量如需在原清单中扣减，请手动操作"的提示，如图5.3.7所示，此时需要在原清单中手动扣减工程量。

图 5.3.5

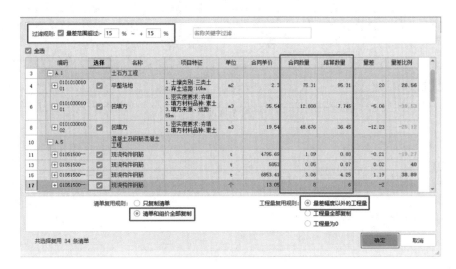

图 5.3.6

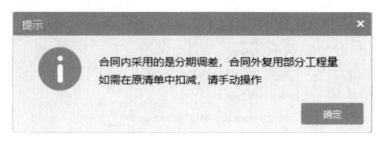

图 5.3.7

（5）对于结算工程量超过合同工程量 15%及其以上的项目，以“010515001001　现浇构件钢筋”为例，合同工程量为 1.09，结算工程量为 0.88，量差比例为－19.27%，需要调整单价，如图 5.3.8 所示。此时所有结算工程量已被全部提取到“量差调整”中（需要注意的是，在“量差调整”中此清单的编码进行了重新排序，如图 5.3.9 所示），之后需要返回原清单，在“分期工程量明细”中将所有分期量改为 0，如图 5.3.10 所示，则结算工程量自动变为 0。

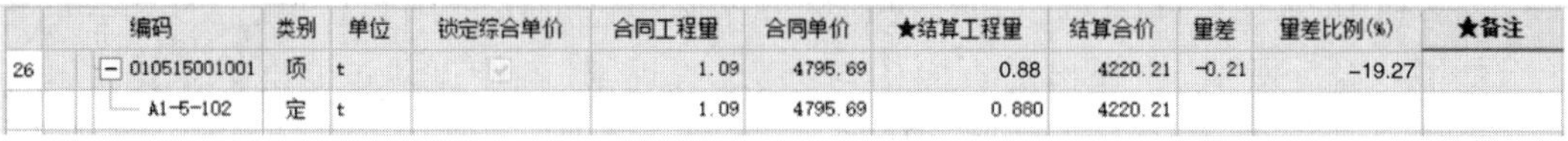

	编码	类别	单位	锁定综合单价	合同工程量	合同单价	★结算工程量	结算合价	量差	量差比例(%)	★备注
26	010515001001	项	t		1.09	4795.69	0.88	4220.21	-0.21	-19.27	
	A1-5-102	定	t		1.09	4795.69	0.880	4220.21			

图 5.3.8

	编码	类别	名称	清单工作内容	单位	结算工程量	结算单价	结算合价
2	010101001001	项	平整场地		m2	8.704	2.49	21.67
	A1-1-1	定	平整场地	场地挖填土±30cm以内找平	100m2	0.087	248.73	21.64
3	010103001001	项	回填方		m3	7.745	70.71	547.65
	A1-1-127	定	回填土 人工夯实	回填	100m3	0.077	7112.07	547.63
4	010103001002	项	回填方		m3	36.450	36.27	1322.04
	A1-1-129	定	回填土 夯实机夯实 槽、坑	回填	100m3	0.365	3621.97	1322.02
5	010515001001	项	现浇构件钢筋		t	0.88	5852.18	5149.92
	A1-5-102	定	现浇构件圆钢 Φ10内	钢筋制作、运输	t	0.880	5852.18	5149.92
6	010515001002	项	现浇构件钢筋		t	0.01	6828.83	68.29
	A1-5-105	定	现浇构件带肋钢筋 Φ10以内	钢筋制作、运输	t	0.010	6828.83	68.29
7	010515001003	项	现浇构件钢筋		t	0.73	8706.98	6356.1

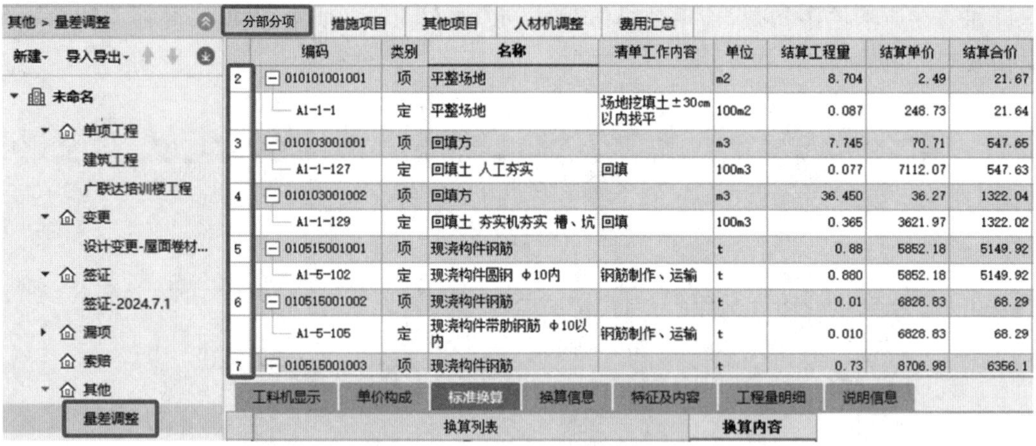

图 5.3.9

图 5.3.10

5.3.2 新建结算计价文件

本节采用将验工计价文件转换为结算计价文件的方式进行结算计价。打开 GCCP6.0 软件,找到验工计价文件,单击"文件",在下拉菜单中选择"转为结算计价",即可进入结算计价的界面,如图 5.3.11 所示。

5.3.3 编制合同外造价

1. 变更

甲方下发设计变更通知单,通知单编号为 001,要求屋面卷材防水由单层热熔满铺改为双层热熔满铺。

(1) 新建设计变更。鼠标左键单击"变更",然后鼠标右键单击,在弹出菜单中选择"新建变更",在弹出的"新建单位工程"对话框的"工程名称"中输入"设计变更-屋面卷材防水",单击"立即新建"按钮,如图 5.3.12 所示。

(2) 通过"复用合同清单"功能查找垫层清单项。单击"复用合同清单",在"过滤规则"中输入"屋面卷材防水",选择"屋面卷材防水"清单项,在"清单复用规则"中勾选"清单和组价全部复制",在"工程量复用规则"中勾选"工程量全部复制",最后单击"确定"按钮,如图 5.3.13 所示。

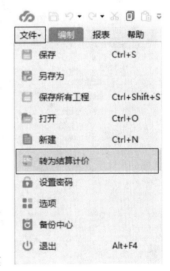

图 5.3.11

5.3.3 编制合同外造价 微课视频

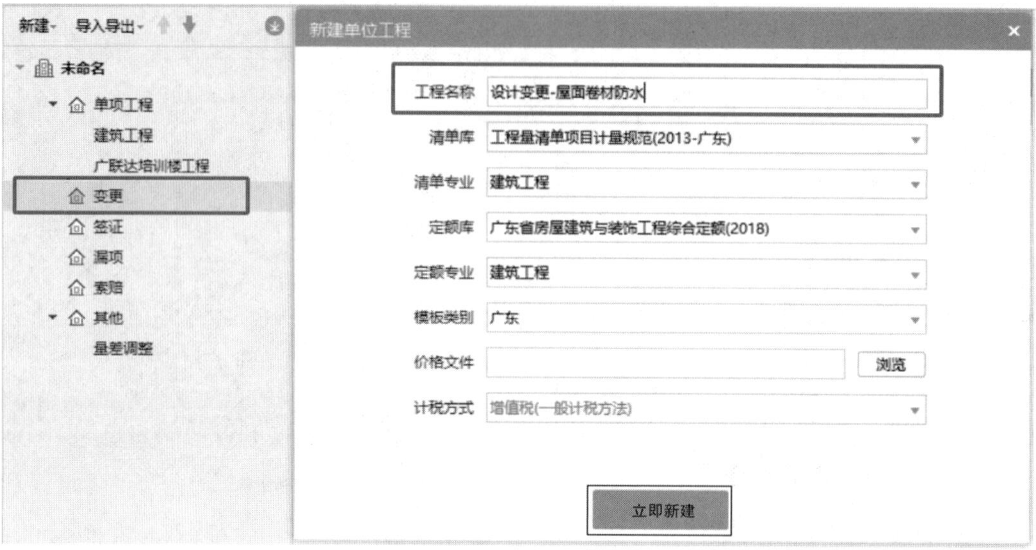

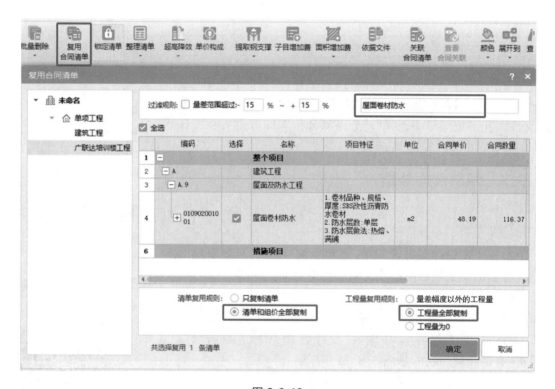

图 5.3.12

图 5.3.13

（3）单击垫层的"结算工程量"，并单击"工程量明细"，在"计算式"中输入"1.164 * 100/1 * 2"并按回车键，在弹出的"确认"对话框中单击"替换"按钮，如图 5.3.14 所示。替换后计算的屋面卷材防水工程结算增加量如图 5.3.15 所示。

图 5.3.14

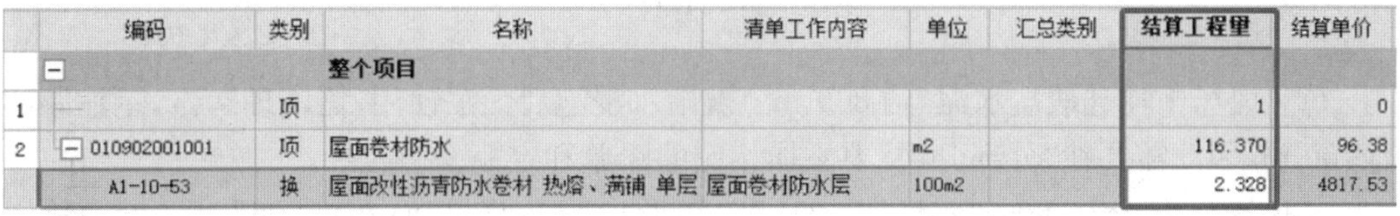

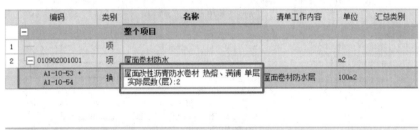

图 5.3.15

（4）通过"标准换算"将"屋面改性沥青防水卷材 热熔、满铺 单层"变更为双层。选中垫层定额，单击"标准换算"，在"换算内容"中输入"2"，如图 5.3.16 所示。

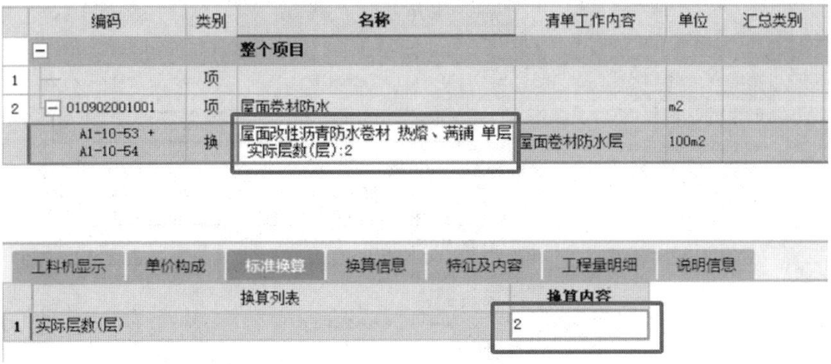

图 5.3.16

2. 签证

2024年7月1日广州市出现特大暴雨，导致施工现场的1吨硅酸盐水泥被雨水浸泡，无法使用。

(1) 新建签证。鼠标左键单击"签证"，然后鼠标右键单击，在弹出菜单中选择"新建签证"，在弹出的"新建单位工程"对话框的"工程名称"中输入"签证-2024.7.1"，单击"立即新建"按钮，如图5.3.17所示。

图5.3.17

(2) 现场1吨硅酸盐水泥(约800 m³)被雨水浸泡后无法使用，需清理运走，运输距离为100 m，因此需要在"分部分项"中添加相应的清单和定额。

具体操作方法为：单击"签证-2024.7.1"，调出"查询"界面，在"查询"对话框中输入"淤泥"并按回车键，找到"010101006 挖淤泥、流砂"，勾选"A1-1-40""A1-1-33"定额，单击"插入清单(I)"，如图5.3.18所示。然后在"A1-1-33"定额的"换算内容"中填

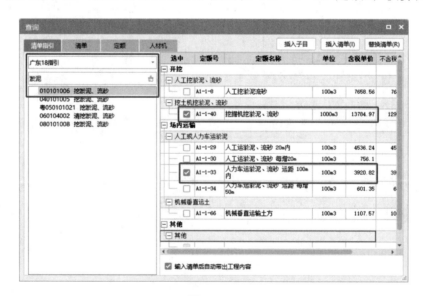

图5.3.18

写“100”，如图 5.3.19 所示。最后，在“分部分项”界面，选择“010101006001”，在“结算工程量”中输入“800”，结果如图 5.3.20 所示。

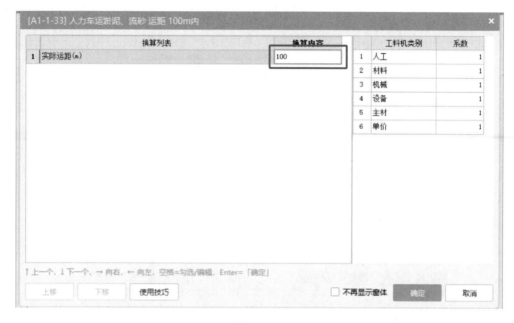

图 5.3.19

	编码	类别	名称	清单工作内容	单位	汇总类别	结算工程量	结算单价
	⊟		整个项目					
1	⊟ 010101006001	项	挖淤泥、流砂		m3		800	61.18
	A1-1-40	定	挖掘机挖淤泥、流砂	开挖	1000m3		0.8	15185.2
	A1-1-33	定	人力车运淤泥、流砂 运距 100m内	场内运输	100m3		8	4599.75

图 5.3.20

3. 漏项

(1) 新建漏项。因为挖一般土方清单中未考虑土方外运的定额，所以需要补充土方外运项目，运输距离为 5 km。鼠标左键单击“漏项”，然后鼠标右键单击，在弹出菜单中选择“新建漏项”，在弹出的“新建单位工程”对话框中的“工程名称”中输入“土方外运漏项”，单击“立即新建”按钮，如图 5.3.21 所示。

(2) 添加土方外运清单及定额项，并计算土方外运工程量。单击“土方外运漏项”，再单击“查询”按钮，在弹出的“查询”对话框的“清单指引”中找到“挖一般土方”，点击“010101002　挖一般土方”，再勾选“A1－1－38”添加定额项，如图 5.3.22 所示。单击挖一般土方的“结算工程量”，再单击“工程量明细”，在“计算式”中输入“95.31＋21.21＋46.231－7.745－36.45－33.232”并按回车键，如图 5.3.23 所示。最终结果如图 5.3.24 所示。

图 5.3.21

图 5.3.22

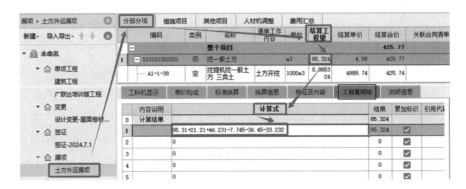

图 5.3.23

分部分项	措施项目	其他项目	人材机调整	费用汇总			
	编码	类别	名称	清单工作内容	单位	结算工程量	结算单价	结算合价
			整个项目					425.77
1	010101002001	项	挖一般土方		m3	85.324	4.99	425.77
	A1-1-38	定	挖掘机挖一般土方 三类土	土方开挖	1000m3	0.085324	4989.74	425.74

图 5.3.24

5.3.4 查看造价分析

单击左上角"未命名"项目,再单击"造价分析",可以查看各项目的合同金额、结算金额(不含人材机调整)结算合计、人材机调整合计、结算金额(含人材机调整)等数据,如图 5.3.25 所示。

未命名		造价分析	项目信息	人材机调整		
新建 导入导出			项目名称	合同金额	结算金额(不含人材机调整)	人材机调整	结算金额(含人材机调整)
					结算合计	合计	
未命名	1	单项工程	543979.41	425402.85	0	425402.85
▼ 单项工程	2	建筑工程	0	0	0	0
建筑工程	3	广联达培训…	543979.41	425402.85	0	425402.85
广联达培训楼工程	4	变更	0	23457.06	0	23457.06
▼ 变更	5	设计变更-屋…	0	23457.06	0	23457.06
设计变更-屋面卷材防水	6	签证	0	60829.96	0	60829.96
▼ 签证	7	签证-2024.7.1	0	60829.96	0	60829.96
签证-2024.7.1	8	漏项	0	529.16	0	529.16
▼ 漏项	9	土方外运漏项	0	529.16	0	529.16
土方外运漏项	10	索赔	0	0	0	0
索赔	11	其他	0	15767	0	15767
▼ 其他	12	量差调整	0	15767	0	15767
量差调整	13					
	14	合计	543979.41	525986.03	0	525986.03

图 5.3.25

模块六

BIM 在审核阶段的造价管理

任务 6.1

工程结算审计的基础知识

知识目标

(1) 了解工程造价审计基本概念。
(2) 了解竣工结算审计的流程和内容。
(3) 了解工程结算审计的常用方法。

能力目标

(1) 能明确工程造价审计的内容。
(2) 能理解竣工结算审计的流程和内容。
(3) 能清楚工程结算审计的常用方法。

思政素质目标

(1) 引导学生形成正确的工程造价审计理念。
(2) 培育学生敢于质疑的批判性思维。
(3) 培养学生客观公正的职业操守。

6.1.1 建设项目工程造价审计概述

工程造价审计是指内部审计机构和内部审计人员依据相关法律法规和合同协议,对建设项目的成本构成和真实性、合理性进行审查,评估项目成本控制的效果,并提出改进和完善工程成本管理工作的建议。建设项目在不同阶段呈现不同的工程造价表现形式,包括投资估算、设计概算、施工图预算、工程结算和竣工决算,因此,审计工作也相应包括这些阶段的估算、概算、预算、结算和决算的审计。

在进行工程造价审计时,审计人员应深入理解被审计的工程合同、招投标文件等关键资料,对整个工程的设计和施工要全面了解,掌握工程计算规则;审计人员还需要对合同签订的程序、规范、合法性进行审核;并且要严格按照合同的内容,对招标范围内完成的工程量进行具体的审计,检查合同是否得到全面执行。审计人员的工作不应仅限于室内办公室,还要深入施工一线中,最好能从工程启动时就介入工作,确保监督工作到位。在实际工作中,审计人员需与各相关部门保持良好沟通,及时获取一手资料,并关注施工管理的每一个环节。在施工过程中,由于施工方有可能通过要求变更设计(增加工程量、提高设计标准)等方式提高工程造价,因此审计人员应格外关注变更事项,对工程的设计变更、现场的签证要做好监督,除介入深究变更签证的必要性、合理性、准确性外,还需关注变更签证的审批制度及流程是否完善。

一些内部审计机构认为工程项目结算审计是工程造价审计的核心,另一些内部审计机构则认为工程项目竣工决算是审计工作的重点。然而,在实际的审计工作中,工程造价审计机构的工作内容通常由委托方的具体需求决定。工程竣工决算是项目竣工后对整个项目的财务成本进行最终的核算和汇总,其通常由建设单位的财务部门或由建设单位委托第三方咨询机构编制完成;竣工决算的审计主要涉及财务决算,因此其通常也被归入财务审计中。鉴于工程竣工结算涉及施工图预算、变更签证、材料价格调整等多项要素,本节将以竣工结算审计为例,演示 GCCP6.0 软件在竣工结算审核过程中的功能应用及操作。

6.1.2 建设项目竣工结算审计的流程

工程结算审计的流程如图 6.1.1 所示。

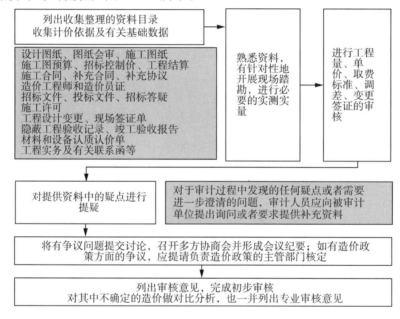

图 6.1.1

6.1.3 建设项目竣工结算审计的主要内容

1. 合同(含补充协议)、招投标文件的审核

工程的竣工结算应当按照双方在工程合同中的约定进行。在进行工程结算审计工作时,首要步骤是仔细研究合同内容,明确工程合同的结算方式,这是确保审计质量和准确性的关键。合同要点的深入研究主要涵盖以下几个方面:合同采用的计价方式、具体的工作内容、工期(包括合同中约定的暂定工期以及关于工期调整的条款)、人工和材料价格调

整的细节及其方式、工程奖励与罚款的设定条件及执行方法、承包方为赢得合同明确的让步优惠措施,以及发包方对工程质量的具体标准和要求(例如,达到市级文明工地标准等)。

工程合同根据计价方式的不同,可以分为总价合同、单价合同和成本加酬金合同等类型。不同的计价方式将直接影响合同的结算方式。

2. 工程量计算的审核

承包方出于自身利益的考虑,在结算申报过程中可能会采取虚报的手段,例如通过重复计算工程量、重复列出项目、增设非实际工程项目或未扣除未实施的工程等,以此增加送审的结算金额。因此,严格核对送审结算工程量是结算审计的重点工作之一。

对工程量进行准确审核的前提是审计人员对合同工作内容、项目结算图纸、施工方案、工程量计算规则等非常熟悉。审计人员需要明确计算的范围和标准,了解合同中哪些工程属于甲方供应材料、甲方分包,变更签证的工作内容是否仍在原合同工作范围内,是否取消了某些工作内容,是否有工作内容变更了施工单位(是否存在责任方),施工方法是否发生了变更等具体情况。除了审核现有的纸质资料外,审计人员还可通过现场勘察确定图纸中不明确的部分及现场未施工的内容。

对于总价合同,工程量的调整往往在变更签证中体现。对于单价合同,在结算前必须完成工程量重新计量的工作;其结算时的工程量应依据竣工图、变更签证等甲乙双方共同确认的书面材料进行核算;对于工程量的任何调整,都应在原工程量清单中进行相应的更新。对于成本加酬金合同,工程量的结算方式主要有两种:一是按实际完成工程量结算,即按照实际完成的工程量乘以合同中约定的单价计算工程款;二是按合同约定的工程量结算,即按照签约时合同中列出的工程量清单进行结算。

3. 单价的审核

结算单价除合同另有约定外,可以参照下列几点原则进行审核(涉及的相关功能已在GCCP6.0软件中提供):

(1)当结算清单项与已签约的合同清单项完全一致时,按原合同清单单价办理结算;但当工程变更导致该清单项目的工程数量发生变化,且工程量偏差超过15%时,该项目单价应按照下述(3)的规定调整。

(2)若出现已标价清单中没有的工作项,则结算时优先采用相似或类似工程包干综合单价换算的方式;无相似或类似项目的,可结合定额计价方式计算,其中人材机单价可参考工程造价管理机构发布的信息价(无信息价的人材机单价,可结合市场询价等方式进行核价);如施工过程中,发承包双方已完成认质认价,可按已确认的单价进行审核。

(3)根据《建设工程工程量清单计价规范》(GB 50500—2013)第9.6.2条的规定,对于任一招标工程量清单项目,如果因本条规定的工程量偏差和第9.3条规定的工程变更等原因导致工程量偏差超过15%,调整的原则为:当工程量增加15%以上时,其增加部分的工程量的综合单价应予调低;当工程量减少15%以上时,减少后剩余部分的工程量的综合单价应予调高。此时,按下列公式调整结算分部分项工程费:

① 当 $Q_1 > 1.15Q_0$ 时,$S = 1.15Q_0 \times P_0 + (Q_1 - 1.15Q_0) \times P_1$

② 当 $Q_1 < 0.85Q_0$ 时，$S = Q_1 \times P_1$

式中：S——调整后的某一分部分项工程费结算价；

Q_1——最终完成的工程量；

Q_0——招标工程量清单中列出的工程量；

P_1——按照最终完成工程量重新调整后的综合单价；

P_0——承包人在工程量清单中填报的综合单价。

新综合单价（P_1）可以由发承包双方协商确定，也可以与最高投标现价相应的综合单价（P_2）、报价浮动率（$L = 1 - \dfrac{\text{中标价}}{\text{最高投标现价}}$ 或 $L = 1 - \dfrac{\text{报价值}}{\text{施工图预算}}$）相联系，调整可参考下列公式：

当 $P_0 < P_2 \times (1-L) \times 85\%$ 时，$P_1 = P_2 \times (1-L) \times 85\%$；

当 $P_0 > P_2 \times 115\%$ 时，$P_1 = P_2 \times 115\%$；

当 $P_0 > P_2 \times (1-L) \times 85\%$ 且 $P_0 < P_2 \times 115\%$ 时，$P_1 = P_0$。

如果工程量出现上述（3）的变化，且该变化引起相关措施项目发生相应的变化，按系数或单一总价方式计价的，工程量增加的措施项目费调增，工程量减少的措施项目费适当调减。

4. 人工与材料调差的审核

施工合同履行期间，人工、材料、工程设备和施工机具台班价格的波动会影响建造成本，出于公平公正、风险共担的原则，合同中往往会对部分材料、人工费等的价格调整做出约定。通常房屋建筑与装饰工程使用的材料品种较多、每种材料使用量较小，较宜采用造价信息价格差额调整法进行调差。在进行调差金额的审核时，首先确认合同约定的可调差工料项目（人工及材料价差调价项目），其次列出可调差工料项目的基准期信息价、投标报价、施工期间信息价，最后根据合同约定的调差方法完成调差。

GCCP6.0 软件已内置 4 种调差方法（造价信息价格差额调整法、结算价与基期价差额调整法、结算价与合同价差额调整法、价格指数差额调整法），若实际合同中调差方法与之不同，可以借助 Excel 表手动计算调差。

5. 计价取费的审核

计价取费主要是依据工程造价管理部门发布的有关文件、定额规定，结合工程合同及招标文件的规定来进行取费。审核时应注意所依据的费率文件与施工期间、工程性质是否匹配，检查费率、取费基数是否正确，有无重复计费的情况，等等。

6. 签证变更的审核

签证变更的结算审核：一是检查变更签证资料的完整性，包括签字是否齐全、是否提供了图纸以及现场照片等；二是通过分析签证变更产生原因判断其合理性，结合合同约定判断增加或减少的费用是否应该由发包人承担；三是金额的审核，包括工程量、单价合价，特别要注意变更签证是否会引起措施费的调整。

7. 其他项目的审核

审核时还应注意:一是工期延误或提前、合同中关于奖罚的约定、责任扣款、甲供材超领等对结算的影响;二是暂列金额、暂估价在结算时应作的调整;三是现场踏勘与结算资料的吻合程度等对结算的影响。

6.1.4 建设项目竣工结算审计的主要方法

合适的审计方法能够确保审计工作高效地进行,减少不必要的审计成本。以下是一些可供选择的审计方法:

(1) 全面审计法

全面审计法是依据相关法律法规和文件所规定的计量原则和方法,结合适用的定额、合同和施工组织设计等资料,对竣工图、变更单、签证单等进行详细对照,对工程量、单价和费用等进行全方位审核,最终审出定价的审计手段。此方法的优点是全面、细致,审计的工程造价差错比较少、质量比较高;缺点是工作量较大。对于工程量比较小、工艺比较简单、造价编制或报价单位技术力量薄弱,以及信誉度较低的单位,须采用全面审计法。

(2) 分组计算审计法

分组计算审计法是把分项工程划分为若干组,并把相邻且有一定内在联系的项目编为一组,审计计算同一组中某个分项的工程量,利用工程量间具有相同或相似计算基础的关系,判断同组中其他几个分项的工程量的方法。这是一种加快工程量审计速度的方法。

(3) 对比审计法

对比审计法是用已经审计的工程造价同拟审计的类似工程进行对比的审计方法。当两个工程采用同一个施工图,但基础部分和现场条件及变更不尽相同时,其拟审计工程基础以上部分可采用对比审计法;不同部分可分别计算或采用相应的审计方法进行审计。当两个工程设计相同,但建筑面积不同时,可根据两个工程建筑面积之比与两个工程分部分项工程量之比基本一致的特点,将两个工程每平方米建筑面积造价以及每平方米建筑面积的各分部分项工程量进行对比审查,如果二者均基本相同,说明拟审计工程造价正确;反之,则说明拟审计的工程造价存在问题,应找出差错原因,加以更正。当拟审计工程与已审计工程的面积相同,但设计图纸不完全相同时,可把相同部分,如厂房中的柱子、房架、屋面、砖墙等进行工程量的对比审计,不能对比的分部分项工程按图纸或签证计算。

(4) 重点抽查审计法

重点抽查审计法是将工程建设项目中的重点部分抽出进行审计的方法。这种方法类似全面审计法,差异在于审计的范围不同。比如确定工程量大或造价较高、工程结构复杂的工程为重点,确定监理工程师签证的变更工程为重点,确定基础隐蔽工程为重点,确定采用新工艺、新材料的工程为重点,确定甲乙双方自行协商增加工程项目为重点。采用该方法需注意被抽查的项目应具有代表性,能起到以点带面的效果,这需要审计人员拥有丰富的经验。

任务 6.2

结算审核编制

> **知识目标**

(1) 熟悉 GCCP6.0 软件的操作界面,掌握新建审核项目的方法和步骤。
(2) 了解 GCCP6.0 软件进行结算审核的过程,熟悉审核要点、软件操作步骤。
(3) 掌握 GCCP6.0 软件成果导出功能,包括结算审核报表及分析报告的输出。

> **能力目标**

(1) 能独立应用 GCCP6.0 软件新建审核项目。
(2) 能独立使用 GCCP6.0 软件完成结算审核任务,清楚审核步骤,掌握软件的操作方法和步骤。
(3) 能独立完成 GCCP6.0 软件中结算审核报表及分析报告的输出。

> **思政素质目标**

(1) 引导学生树立正确造价审核观,培养其逻辑思维能力和分析问题的能力。
(2) 培育学生实事求是、保持客观公正的工作态度,使其树立良好的职业道德。
(3) 培养学生严谨细致工作习惯,使其注重工作细节,不断提升个人职业素养。

在建筑行业,工程结算审核是确保项目资金合理使用、维护各方合法权益的重要环节。本节将通过一个真实的案例,带领读者深入了解如何运用广联达 GCCP6.0 软件编制结算审核文件。本节选取的案例是广联达培训楼工程项目的总承包工程合同结算,送审金额为 50.63 万元。让我们一起揭开结算审核的神秘面纱,确保每一分钱都用在刀刃上。

案例背景:广联达培训楼工程项目的总承包工程,经过数月的紧张施工,现已圆满完成。项目总投资 50.63 万元,涉及土石方工程、钢筋混凝土工程、砌筑工程、门窗工程、防水保温工程等多个方面。为了确保项目资金的合理使用,现需对项目进行结算审核。接下来,本节将以这个项目为例,演示如何运用GCCP6.0 软件进行结算审核,为读者提供一个实操性的学习典范。

6.2.1 新建结算审核计价文件

新建结算审核计价文件有以下 2 种方法:

6.2.1 新建结算审核
计价文件 微课视频

（1）在送审基础上直接修改、审核

打开 GCCP6.0 软件，单击"新建审核"，弹出如图 6.2.1 所示的界面，在界面左上角点击选择"广东"。

图 6.2.1

在"新建审核"界面中单击"浏览"按钮，如图 6.2.2 所示，通过"打开文件"对话框，在找到送审结算文件地址后，单击"打开"按钮，如图 6.2.3 所示，弹出如图 6.2.4 所示的界面，单击"立即新建"按钮进入审核文件生成界面，如图 6.2.5 所示。系统加载完成后，即完成新建审核工程，如图 6.2.6 所示。用该方法打开的审核界面，软件默认的初始状态为"审核＝送审"，需要由审核人员在软件中对"量、价、项"进行逐项修改、审核。

图 6.2.2

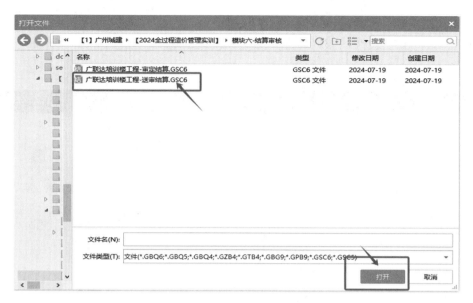

图 6.2.3

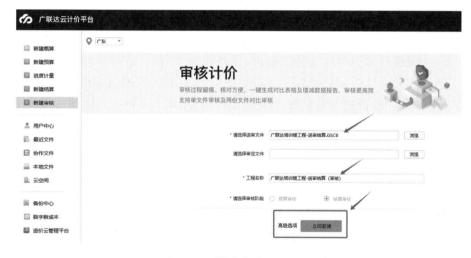

图 6.2.4

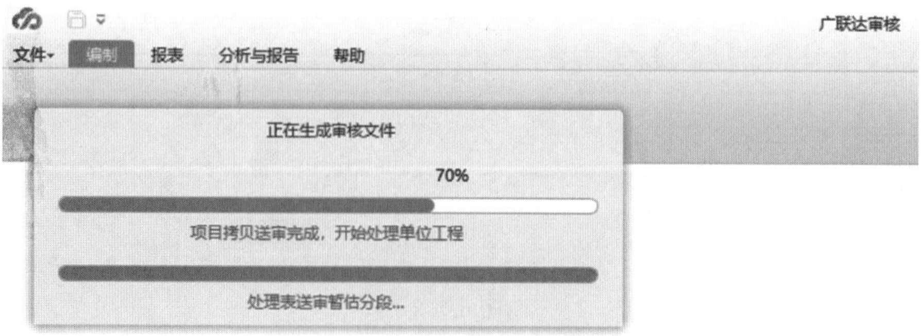

图 6.2.5

	序号	项目名称	送审 结算金额(不含价差)	送审 人材机价差	送审 结算金额	送审 工程规模(m2或m)	送审 含价差单位造价(元/m2或元/m)	审定 结算金额(不含价差)	审定 人材机价差	审定 结算金额
1	1	广联达培训楼工程	476979.87	-1502.12	475477.75	0		476979.87	-1502.12	475477.75
2	1.1	建筑工程	476979.87	-1502.12	475477.75	153.54	3096.77	476979.87	-1502.12	475477.75
3	2	变更	11725.91	0	11725.91			11725.91	0	11725.91
4	2.1	设计变更-屋面卷材防水	11725.91	0	11725.91	0	0	11725.91	0	11725.91
5	3	签证	9085.74	0	9085.74			9085.74	0	9085.74
6	3.1	签证-2024.7.1	9085.74	0	9085.74	0	0	9085.74	0	9085.74
7	4	漏项	529.16	0	529.16			529.16	0	529.16
8	4.1	土方外运漏项	529.16	0	529.16	0	0	529.16	0	529.16
9	5	索赔	0	0	0			0	0	0
10	6	其他	9515.66	0	9515.66			9515.66	0	9515.66
11	6.1	量差调整	9515.66	0	9515.66	0	0	9515.66	0	9515.66
12										
13		合计	507836.34	-1502···	506334.22	153.54	3297.73	507836.34	-1502.12	506334.22

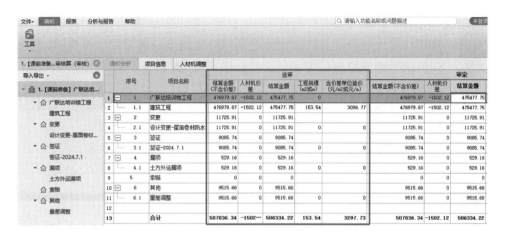

图 6.2.6

(2) 选择送审文件与审定文件进行对比(本教材使用此方法)

有时,在承包人提交送审结算文件前,发包人已自行或委托造价咨询公司“背靠背”编制了一份内部结算初稿文件(简称“审定文件”),因此可通过对比“送审文件”与“审定文件”快速开展审核工作。

对比审核在 GCCP6.0 软件中的操作步骤如下:在图 6.2.2、图 6.2.3 的操作基础上,单击“浏览”,如图 6.2.7 所示;找到审定文件后点击“打开”,如图 6.2.8 所示,单击“高级选项”,设置匹配规则,点击“确定”,如图 6.2.9 所示;点击“立即新建”,进入加载界面,如图 6.2.10 所示;文件加载完成后,自动弹出“项目匹配”对话框,其中显示出已匹配的关系,对未匹配项可进行调整,点击“确定”,如图 6.2.11 所示,进入单位工程内匹配,进一步匹配清单定额项,如图 6.2.12 所示。

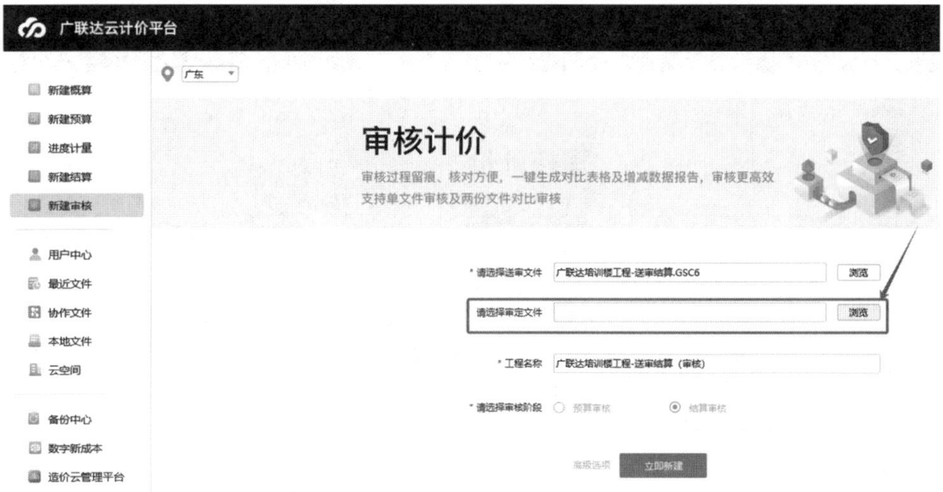

图 6.2.7

完成上述步骤后软件会自动弹出审核模块主界面,主要包括标题栏、一级导航区、功能区、二级导航区、数据编辑区、属性窗口、状态栏、项目结构树等部分。一级导航区包括

"文件""编制""报表""分析与报告""帮助"的功能键;先单击编辑"编辑"、再单击"分部分项"就会弹出如图 6.2.13 所示的界面;二级导航区可以切换编辑不同清单表;属性窗口默认显示在下方,显示所选的数据编辑区所选的数据属性(清单项目、定额项目均可)。

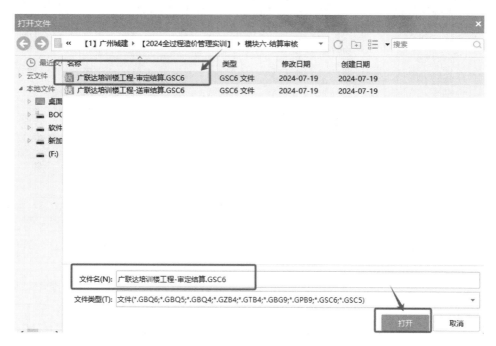

图 6.2.8

图 6.2.9

模块六　BIM在审核阶段的造价管理

图 6.2.10

图 6.2.11

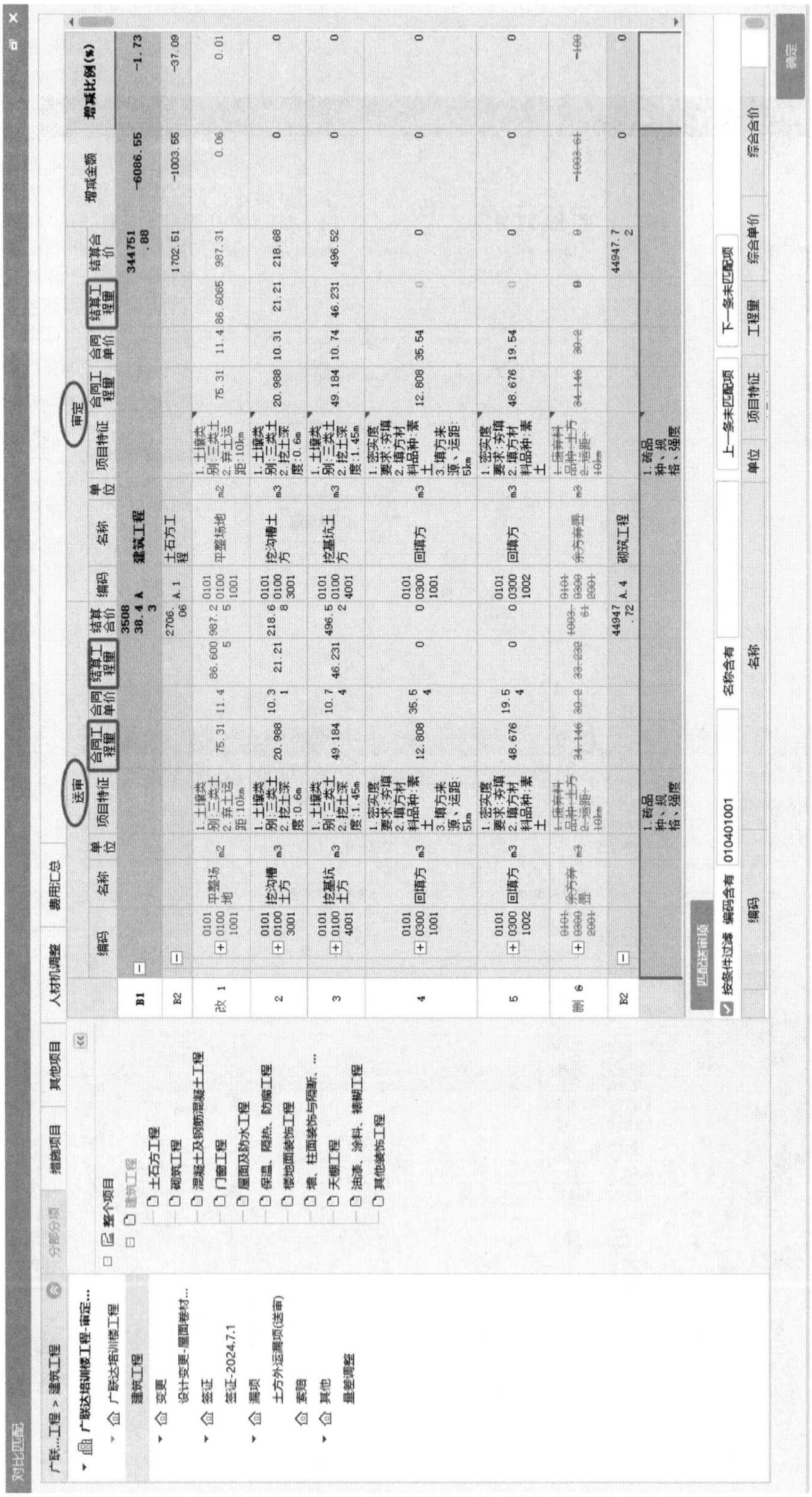
对比匹配
分部分项
措施项目
其他项目
人材机调整
费用汇总
送审
审定
编码
名称
单位
项目特征
合同工程量
合同单价
结算工程量
结算合价
增减金额
增减比例(%)
建筑工程
土石方工程
平整场地
挖沟槽土方
挖基坑土方
回填方
余方弃置
砌筑工程
匹配送审项
按条件过滤
编码含有
010401001
名称含有
上一条未匹配项
下一条未匹配项
确定

图 6.2.12

6.2.2 编制结算审核

1. 工程概况的编制

导入送审工程后,审核人员会第一时间查看工程概况,以快速了解送审情况和工程信息。GCCP6.0 软件中的工程概况包括"工程信息""工程特征""编制说明"和"审核过程记录",如图 6.2.13 所示。

6.2.2 编制结算审核
微课视频

图 6.2.13

结算的审核一般不是一次完成的,可能分若干个阶段完成,有的工程还需要多级审核/审计,为便利后续的工作,造价审核人员应养成及时记录审核过程的好习惯。GCCP6.0 软件内置了"审核过程的记录"功能,如图 6.2.14 所示。

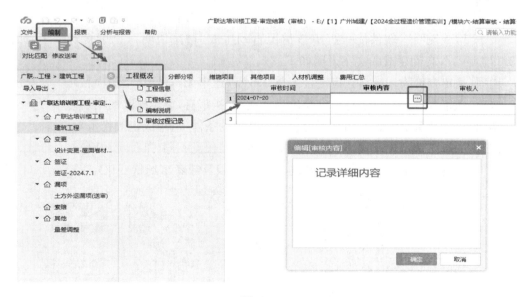

图 6.2.14

2. 分部分项工程的审核

(1) 设置数据编辑区的页面显示列

进行分部分项工程量对比审核前,可以通过如图6.2.15所示的操作步骤对页面显示的内容进行设置,勾选自己关注的数据信息即可。

图 6.2.15

(2) 计算工程量差及增减金额

软件可以自动计算每一清单项、定额子目的工程量差、金额差异,如图6.2.16所示,其中:

$$工程量差=审定工程量-送审工程量$$

$$增减金额=审定综合合价-送审综合合价$$

关于"增减说明",软件能根据审核情况自动生成"增减说明"(也可自行编辑,如图6.2.17所示)。自动生成的文字说明如下:

增项:送审合价为0或空且审定合价非0或空(送审无,审定新增的项目)。

减项:送审合价非0或空且审定合价为0或空(送审有,审定删除的项目)。

调项:送审与审定编码不同且不符合增项减项的条件(清单或定额换了)。

调量:送审与审定工程量均非0且送审与审定工程量不同(工程量调整)。

调价:送审与审定综合单价不同且均非0(标准换算或者市场价变化)。

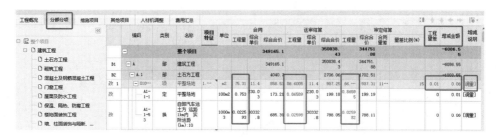

图 6.2.16

图 6.2.17

关于"增删改颜色标识",GCCP6.0 软件对修改审核的数据,不论是增项、删项还是调整工程量、价格等,都用不同的颜色来进行标记,起到提醒作用。审核结算文件时,合同内只对工程量进行审核,在软件中只有删除、修改两种方式;对于合同外的更改,如清单的修改、新增工作等,则在"变更""签证"中完成,在软件中有新增、删除、修改三种方式。关于清单的颜色变化,如图 6.2.18 所示。

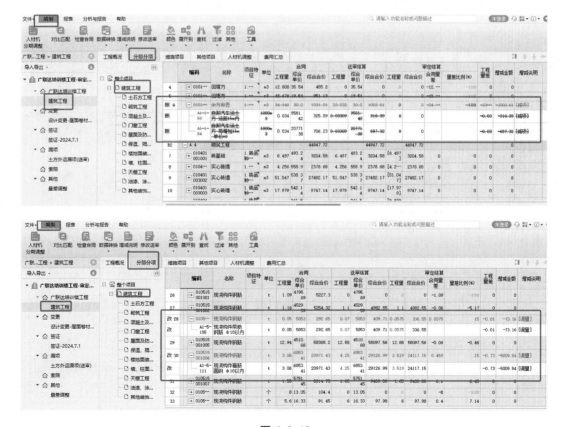

图 6.2.18

新增：蓝色；显示“增”字、编码变色。

删除：删除线的颜色同字体颜色，显示“删”字、编码变色。

修改：红色；显示“改”字、变化项变色；送审与审定均变红。

(3) 查看详细对比

在数据编辑区中选中清单项或者清单项下的定额子目，单击属性区的“详细对比”，软件可自动显示当前清单项或子目的合同、送审、审定情况，但因界面列数有限，只显示工程量、综合单价、综合合价、量差、量差比例这种双方最为关注的项，也是最容易不一致的项，如图 6.2.19 所示。其中量差均为与合同工程量的差异，即：送审量差＝送审工程量－合同工程量；审定量差＝审定工程量－合同工程量。

	编码	类别	名称	单位	合同			送审结算			审定结算				工程量差
					工程量	综合单价	综合合价	工程量	综合单价	综合合价	工程量	综合合价	合同量差	量差比例(%)	
6	010503005001	项	过梁	m3	2.06	552.73	1138.62	2.05	552.73	1133.1	2.05	1133.1	-0.01	-0.49	0
7	010505001001	项	有梁板	m3	27.54	452.35	12457.72	26.78	452.35	12113.93	26.78	12113.93	-0.76	-2.76	0
改 8	010505…	项	栏板	m3	0.37	620	229.4	0.4	620	248	[0.37]	229.4	0	0	-0.03
改	A1-5-30	换	现浇混凝土其他构件 栏板、反檐 换为【普通预拌混凝土碎石粒径综合考虑C25】	10m3	0.037	5949.38	220.13	0.04	5949.38	237.98	0.037	220.13			0

详细对比　查询合同　工料机显示　单价构成　分期工程量明细

	审核过程	编码	名称	项目特征	工程量	综合单价	综合合价	量差	量差比例
1	合同	010505006001	栏板	1. 混凝土种类：预拌 2. 混凝土强度等级：C25	0.37	620	229.4		
2	送审	010505006001	栏板	1. 混凝土种类：预拌 2. 混凝土强度等级：C25	0.4	620	248	0.03	8.11
3	审定	010505006001	栏板	1. 混凝土种类：预拌 2. 混凝土强度等级：C25	0.37	620	229.4	0	0

	编码	类别	名称	单位	合同			送审结算			审定结算				工程量差
					工程量	综合单价	综合合价	工程量	综合单价	综合合价	工程量	综合合价	合同量差	量差比例(%)	
6	010503005001	项	过梁	m3	2.06	552.73	1138.62	2.05	552.73	1133.1	2.05	1133.1	-0.01	-0.49	0
7	010505001001	项	有梁板	m3	27.54	452.35	12457.72	26.78	452.35	12113.93	26.78	12113.93	-0.76	-2.76	0
改 8	010505…	项	栏板	m3	0.37	620	229.4	0.4	620	248	[0.37]	229.4	0	0	-0.03
改	A1-5-30	换	现浇混凝土其他构件 栏板、反檐 换为【普通预拌混凝土碎石粒径综合考虑C25】	10m3	0.037	5949.38	220.13	0.04	5949.38	237.98	0.037	220.13			0

详细对比　查询合同　工料机显示　单价构成　分期工程量明细

	审核过程	编码	名称	单位	工程量	综合单价	综合合价
1	合同	A1-5-30	现浇混凝土其他构件 栏板、反檐 换为【普通预拌混凝土碎石粒径综合考虑 C25】	10m3	0.037	5949.38	220.13
2	送审	A1-5-30	现浇混凝土其他构件 栏板、反檐 换为【普通预拌混凝土碎石粒径综合考虑 C25】	10m3	0.04	5949.38	237.98
3	审定	A1-5-30	现浇混凝土其他构件 栏板、反檐 换为【普通预拌混凝土碎石粒径综合考虑 C25】	10m3	0.037	5949.38	220.13

图 6.2.19

(4) 显示工料机

选中数据编辑区的定额子目，单击“工料机显示”，软件可自动显示当前子目的合同、送审、审定工料机情况，如图 6.2.20 所示。

(5) 对比单价构成

选中数据编辑区的定额子目，单击“单价构成”可查看送审、审定的单价构成，如图 6.2.21 所示。

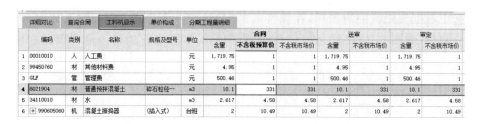

详细对比 | 查询合同 | 工料机显示 | 单价构成 | 分期工程量明细

	编码	类别	名称	规格及型号	单位	合同			送审		审定	
						含量	不含税预算价	不含税市场价	含量	不含税市场价	含量	不含税市场价
1	00010010	人	人工费		元	1,719.75	1	1	1,719.75	1	1,719.75	1
2	99450760	材	其他材料费		元	4.95	1	1	4.95	1	4.95	1
3	GLF	管	管理费		元	500.46	1	1	500.46	1	500.46	1
4	8021904	材	普通预拌混凝土	碎石粒径…	m3	10.1	331	331	10.1	331	10.1	331
5	34110010	材	水		m3	2.617	4.58	4.58	2.617	4.58	2.617	4.58
6	+ 990605060	机	混凝土振捣器	(插入式)	台班	2	10.49	10.49	2	10.49	2	10.49

图 6.2.20

B2	− A.1		土石方工程				4040.7			2706.06		1702.55	
改 1	− 010101…	项	平整场地	m2	75.31	11.4	858.53	86.6005	11.4	987.25	86.61	987.35	11.3
改	A1-1-1	定	平整场地	100m2	0.753	230.03	173.21	0.86589	230.03	199.18	0.865985	199.2	
改	A1-1-53	换	自卸汽车运土方 运距1km内 实际运距(km):10	1000m3	0.022593	30332.8	685.31	0.02598	30332.8	788.05	0.025983	788.14	

详细对比 | 查询合同 | 工料机显示 | 单价构成 | 分期工程量明细

	序号	费用代号	名称	送审				审定				基数说明	费用类别
				计算基数	费率(%)	单价	合价	计算基数	费率(%)	单价	合价		
1	1	A	定额直接费	A1+A2+A3+A4+A5+A6		25855.63	671.73	A1+A2+A3+A4+A5+A6		25855.63	671.81	人工费+材料费+机具费+主材费+设备费+管理费	直接费
2	1.1	A1	人工费	RGF		0	0	RGF		0	0	人工费	人工费
3	1.2	A2	材料费	CLF		0	0	CLF		0	0	材料费	材料费
4	1.3	A3	机具费	JXF		22385.83	581.58	JXF		22385…	581.65	机具费	机械费
5	1.4	A4	主材费	ZCF		0	0	ZCF		0	0	主材费	主材费
6	1.5	A5	设备费	SBF		0	0	SBF		0	0	设备费	设备费
7	1.6	A6	管理费	GLF		3469.8	90.15	GLF		3469.8	90.16	管理费	管理费
8	2	B	利润	A1+A3	20	4477.17	116.32	A1+A3	20	4477.17	116.33	人工费+机具费	利润
9	3	C	综合单价	A+B		30332.8	788.05	A+B		30332.8	788.14	定额直接费+利润	工程造价

图 6.2.21

(6) 分期调差

材料的调差按合同约定计算，本次项目审核分 4 期对“人工”“钢筋”“混凝土”进行调差，每期调差的工程量为当期完工工程的“人工”“钢筋”“混凝土”的工程量。具体操作步骤如下：

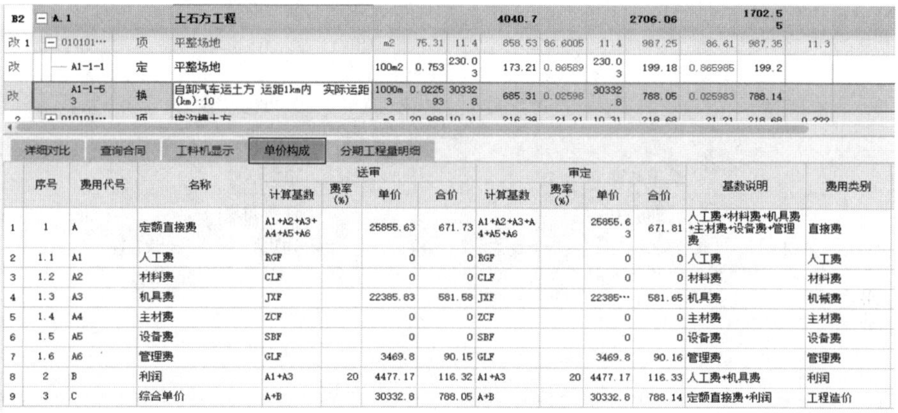

①在功能区中找到“人材机分期调整”，鼠标左键单击选择后，弹出“人材机分期调整”对话框；在弹出的对话框中选择“分期”，输入总期数“4”，选择分期输入方式为“按分期工程量输入”，点击“确定”，如图 6.2.22 所示。

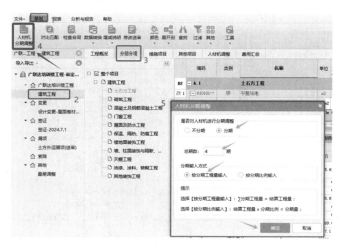

图 6.2.22

②选中数据编辑区的清单项,在属性区的"分期工程量明细"中可输入或修改审定结算版的分期量,如图 6.2.23 所示。请注意,审定结算工程量应为各分期工程量之和。

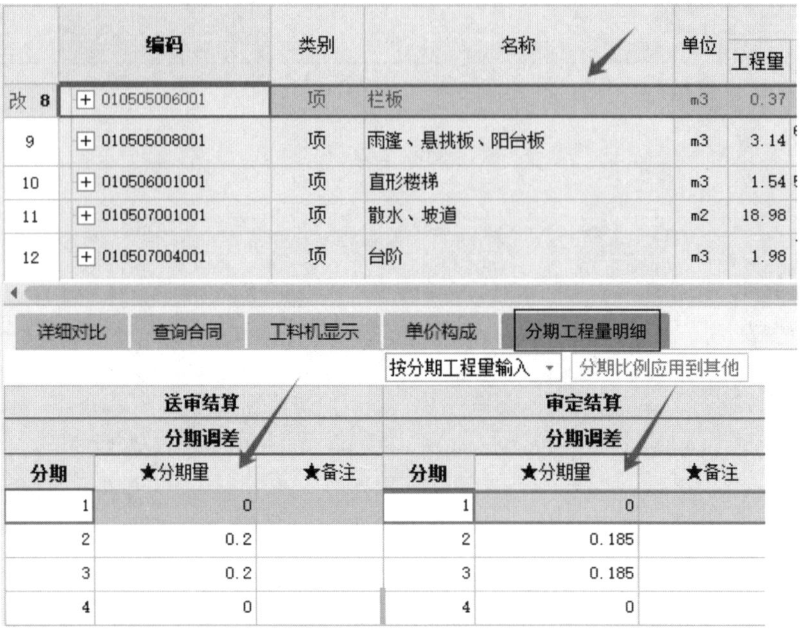

图 6.2.23

（7）修改送审

在结算审核过程中,承包方发现提交的结算资料存在遗漏或错误的情况较为普遍。若双方协商一致,同意对提交的送审结算数据进行修正,结算审核人员又期望能够高效、便捷地进行数据修改,同时不影响到已审核完毕的其他内容,可以直接在结算审核文件中按照以下步骤进行送审结算数据的修改：点击功能区中的"修改送审",如图 6.2.24 所示,等待软件初始化；在自动弹出的"修改送审"页面,根据如图 6.2.25 所示的操作步骤完成各分期工程量的修改。

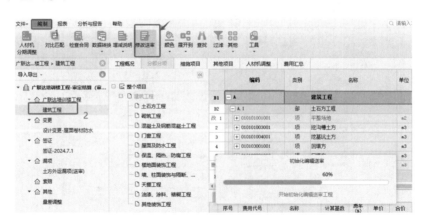

图 6.2.24

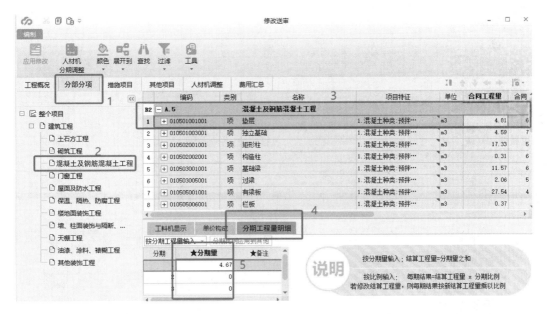

图 6.2.25

(8) 进行数据转换

在具体审核过程中,有下列两种情景可以用到数据转换功能:①审核人员发现送审数据偏高,经双方协商同意,直接将送审数据转化为审定数据;②审核人员完成多项审核后发现多项数据不妥当,希望能同时将多项数据还原为送审数据。利用"数据转换"工具可以简化修改过程。软件操作步骤如下:点击功能区中的"数据转换",选择"同步送审数据到审定"或"同步审定数据到送审",在自动弹出的对话框中选择需要转换的清单项,如图6.2.26所示。

(9) 检查合同

通常,审核人员会对审核文件中的合同数据再进行检查,对于有误的合同数据进行修改。软件操作步骤如下:①单击功能区中的"检查合同",在弹出的对话框中单击"浏览"找到合同清单路径,点击"立即检查";②在弹出的"选择单位工程"对话框中,点击"建筑工程"(单位工程),单击"确定";③在弹出的"检查合同"对话框中勾选需要修改的数据,单击"一键修改",如图 6.2.27 所示。

3. 措施项目的审核

在审核时,应根据合同约定对措施项目各项清单的结算方式进行调整。如图6.2.28所示,软件内置的措施项目的结算方式有三种:总价包干(按签约时的措施费结算,通常为组织措施的结算方式)、可调措施(即单价包干,通常为技术措施的结算方式)、按实际发生(承包人需提供施工期间经项目部、监理单位确认的资料办理结算,通常为技术措施的结算方式)。

图 6.2.26

模块六 BIM在审核阶段的造价管理

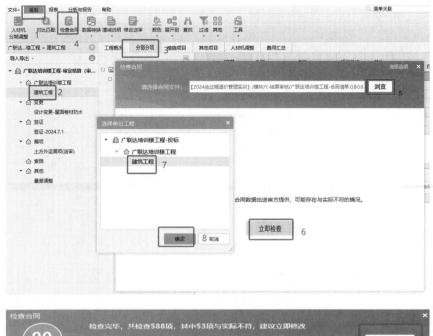

图 6.2.27

图 6.2.28

(1)总价措施费调整。总价措施费主要审核计算基数和费率选取是否正确,在软件中的操作如下:进入"措施项目"界面,鼠标左键双击"审定结算"中"计算基数(工程量)""费率"相应栏,修改审定计算基数和费率,查看增减金额,如图 6.2.29 所示。

工程概况	分部分项	措施项目	其他项目	人材机调整	费用汇总						
序号	名称	单位	合同		送审结算			审定结算			★结算方式	增减金额
			计算基数(工程量)	费率(%)	综合合价	计算基数(工程量)	费率(%)	综合合价	计算基数(工程量)	费率(%)	综合合价		
	措施项目				72296.19			76293.52			76293.52		0
	绿色施工安全防护措施费				30129.12			34155.19			34155.19		0
	措施其他项目				42167.07			42138.33			42138.33		
5	文明工地增加费	项	RGF+JXF	1.2	1089.98	RGF+JXF	1.2	1089.98	RGF+JXF	1.2	1089.98	总价包干	0
6	夜间施工增加费	项		20	0		20	0		20	0	总价包干	
7	赶工措施费	项	RGF+JXF	0	0	RGF+JXF	0	0	RGF+JXF	0	0	总价包干	
8	其他费用	项		100	0		100	0		100	0	总价包干	

图 6.2.29

(2)单价措施费调整。单价措施费可通过对工程量和单价的修改进行调整,在软件中的操作如下:进入"措施项目"界面,鼠标左键双击"审定结算"中"计算基数(工程量)"相应栏,修改审定工程量,查看增减金额,如图 6.2.30 所示。

工程概况	分部分项	措施项目	其他项目	人材机调整	费用汇总					
	序号	名称	单位	合同		送审结算			审定结算		★结算方式
				计算基数(工程量)	综合合价	计算基数(工程量)	综合单价	综合合价	计算基数(工程量)	综合合价	
9	011702001001	基础	m2	15.58	786.32	15.569094	50.47	785.77	15.569094	785.77	可调措施
10	011702001002	基础	m2	14.34	427.62	14.329962	29.82	427.32	14.329962	427.32	可调措施
	A1-20-12	基础垫层模板	100m2	0.1434	427.59	0.1433	2981.79	427.29	0.1433	427.29	
11	011702002001	矩形柱	m2	54.196	3387.25	54.1580628	62.5	3384.88	54.1580628	3384.88	可调措施
12	011702002002	矩形柱	m2	69.076	3989.83	69.0276468	57.76	3987.04	69.0276468	3987.04	可调措施

图 6.2.30

4. 其他项目的审核

其他项目包括暂列金额、专业工程暂估价、计日工费用、总承包服务费等。结算审核时的输入界面如图 6.2.31 所示,注意要点同结算一致,详情如下:

暂列金额是指在工程建设合同中,针对尚未发生且难以预计确切费用的项目,由甲方预先设定的一笔资金。由于工程建设周期长、资金数额大,投标报价中的"暂列金额"不属于工程项目费用,而是建设单位在做工程预算时,对于工程建设过程中可能出现的费用增加而预留的测算费用。在施工单位做竣工结算报价时,不可将此项费用纳入结算送审造价,在结算审核时应当注意该项金额为 0 元。

专业工程暂估价是项目肯定要发生的费用,但不确定价格,只能暂估一个。结算的时候按实际价格或者甲方确认的价格调整。在实际工作中,可能因为施工范围调整等因素更换施工单位,该项费用不在合同结算范围。本次审核按送审的 0 元办理结算。

计日工费用是为了解决现场发生的零星工作的计价而设立的。结算时,按发承包双方确认的实际数量计算合价。通常,计日工费用清单中的单价可用于变更签证的费用计算。本次审核按送审的 0 元办理结算。

总承包服务费是指总承包人为配合、协调建设单位进行的专业工程发包,对建设单位自行采购的材料、工程设备等进行保管以及施工现场管理、竣工资料汇总整理等服务所需的费用。本次项目合同清单无总承包服务费,结算无该项内容,软件的操作与其他项目类似,这是不再赘述。

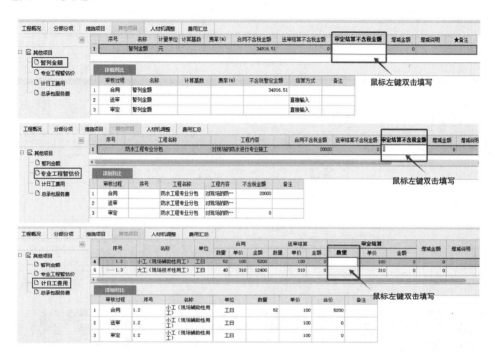

图 6.2.31

5. 人材机调整的审核

人材机审核的步骤如下:先检查风险幅度范围,如图 6.2.32 所示;选择"基准价批量载价",如图 6.2.33 所示;再进行"结算单价载价",如图 6.2.34 所示;或者先点击"材料调差",再点击"审定"下的"3",在"★第 3 期不含税单价"列输入单价即可。如图 6.2.35 所示。

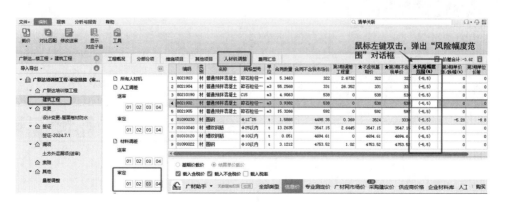

图 6.2.32

图 6.2.33

模块六 BIM在审核阶段的造价管理

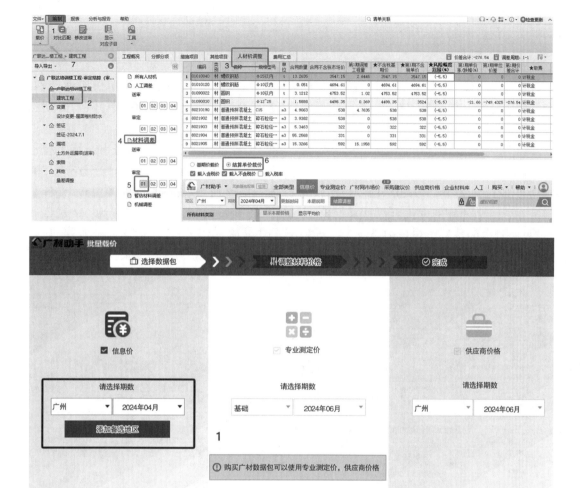

图 6.2.34

图 6.2.35

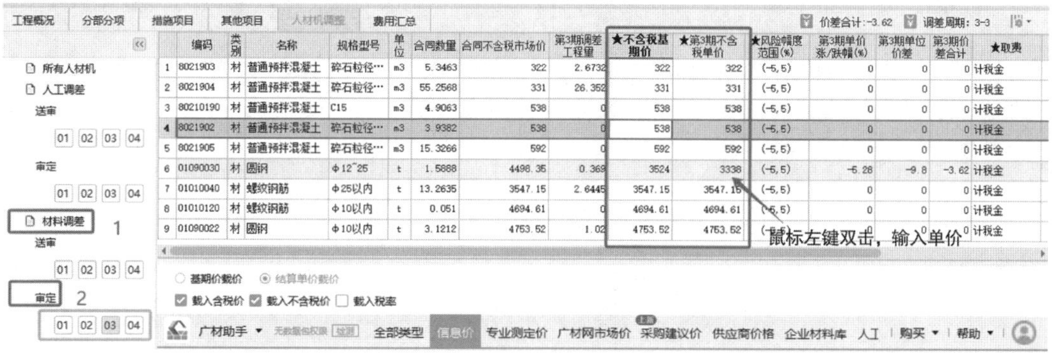

6. 量差调整的审核

量差调整审定的工程量和单价均是易错点,需要重点审核。根据《建设工程工程量清单计价规范》(GB 50500—2013)的规定,工程量变化浮动超15%时,综合单价应做调整。合同内的分部分项清单工程量,一部分列在"量差调整"中,需要返回原清单并在"分期工程量明细"中修改分期量。

以"余方弃置(010103002001)"为例,合同签约工程量为 34.146 m³,送审结算工程量为 33.232 m³,审定结算工程量为 23.246 m³(较合同减少 22%,超 15%),"余方弃置"清单项全部工程量的综合单价应调增(本次审核统一按增加 10% 的谈判价考虑)。工程量部分在软件中的处理方式为:"建筑工程"界面的"余土外运"结算工程量改为 0,"量差调整"界面对应的结算工程量记录为 23.246 m³。经审核,送审结算在该项处理有误,如图 6.2.36 所示。综合单价部分在软件中的处理方式如图 6.2.37 所示。

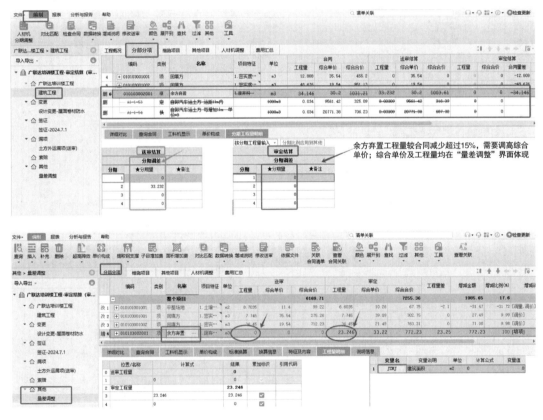

图 6.2.36

图 6.2.37

以"现浇构件带肋钢筋(ϕ10以内)(010515001003)"为例,合同签约工程量为 0.05 t,送审结算工程量为 0.07 t,审定结算工程量为 0.07 t(较合同增加 40%,超 15%),"现浇构件带肋钢筋"清单工程量中超合同 15% 以内工程量的综合单价不变,超过 15% 工程量部分的综合单价减少(本次审核统一按减少 10% 的谈判价考虑)。工程量部分在软件中的处理方式为:"建筑工程"界面的"现浇构件带肋钢筋(ϕ10 以内)"结算工程量改为 0.057 5 t,"量差调整"界面对应的结算工程量记录为 0.012 5 t。经审核,送审结算在该项处理有误,如图 6.2.38 所示。综合单价部分在软件中的处理方式如图 6.2.39 所示。

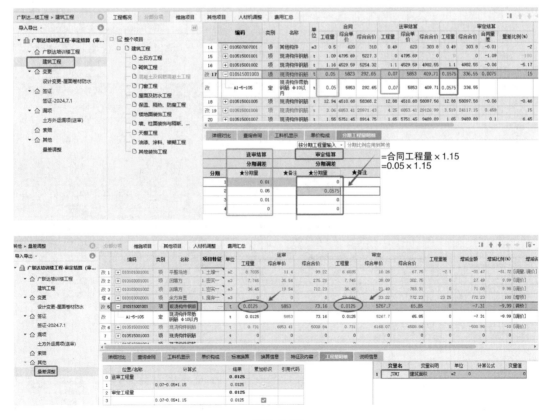

图 6.2.38

图 6.2.39

"量差调整"界面中,审定工程量还可逐项手动修改,如图 6.2.40 所示;"人材机调整"如图 6.2.41 所示。本次审核按"人工、钢筋、混凝土"参与调差考虑。"措施项目""其他项目"的软件操作不再赘述。

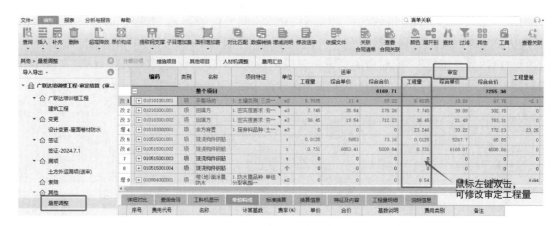

图 6.2.40

图 6.2.41

7. 变更、签证、漏项的审核

本次项目设计变更结算，需注意新增材料清单项目后，对应扣减原合同中不再实施的工程量，并依据合同约定的计价方式办理结算。变更审核的对比情况如图 6.2.42 所示。

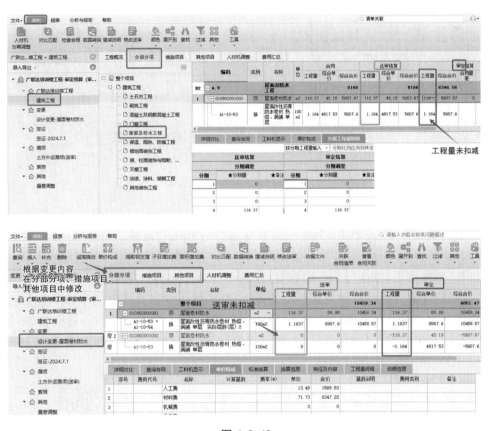

图 6.2.42

本次项目签证审核未扣减，对比情况如图 6.2.43 所示。

图 6.2.43

在工程结算时,经常出现承包人完成了某些非实体的工程内容,结算时因为缺少相关证明资料而无法得到工程费用的情况。对此,需加以重视,在施工过程中做好施工记录的保存及工程内容的确认工作。本次项目漏项的送审结算,考虑到承包人未能提供完工确认资料,按 0 元进行审定,如图 6.2.44 所示。

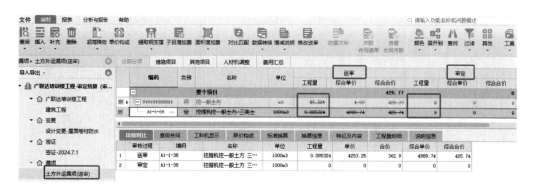

图 6.2.44

在未来的工作中,务必重视施工记录的完整保存和工程内容的及时确认,以确保在工程结算时能够提供充分的证明资料,避免因资料不完整而无法获得应得的工程费用。

此外,判断变更、签证是否办理结算,还须审核施工过程中的审批流程是否遵循合同的规定;同时还要分析变更和签证产生的原因(判别是否存在责任单位),对于非发包人原因造成的变更和签证,可根据对项目的影响情况对责任方进行扣罚款。若变更、签证、漏项的内容涉及可调差人材机,可在"人材机调整"界面进行相关操作,如图 6.2.45 所示。

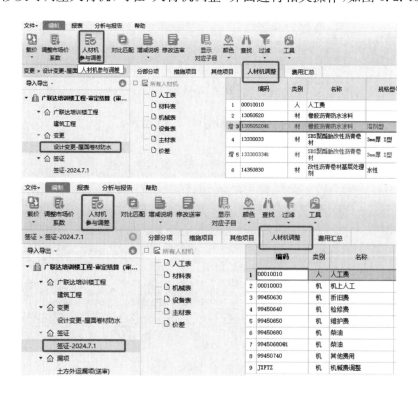

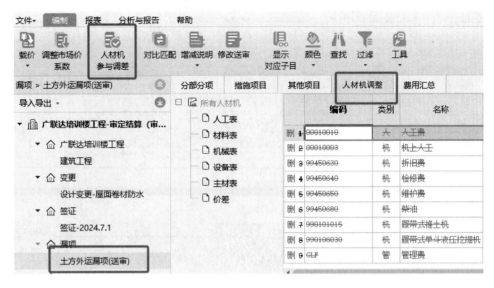

图 6.2.45

8. 费用汇总的审核

如图 6.2.46—图 6.2.50 所示,"费用汇总"界面主要审核"计算基数"和"费率","审定结算"允许手动修改"计算基数"和"费率",软件可自动生成增减金额。审核结束后可在"输出"列勾选输出内容,完成费用汇总。

图 6.2.46

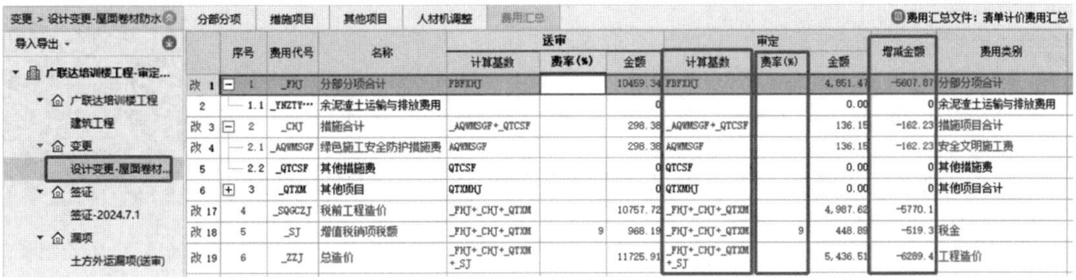

图 6.2.47

图 6.2.48

图 6.2.49

图 6.2.50

6.2.3 导出报表

1. 导出报表

点击"报表",可以根据需求选择"批量导出 Excel"或"批量导出 PDF",如图 6.2.51 所示。

6.2.3 导出报表
微课视频

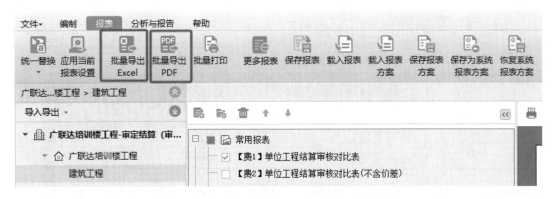

图 6.2.51

这里选择"批量导出 Excel",弹出如图 6.2.52 所示的对话框,在"报表类型"后的下拉框中,选择"常用报表",根据需要选择报表,点击"导出选择表"按钮将报表导出。

图 6.2.52

2. 简单设计报表

选择报表后点击"简便设计",在弹出的对话框中,可根据需要设计报表,如图 6.2.53 所示。

图 6.2.53

6.2.4 导出分析报告

点击"分析与报告",软件可自动生成如图 6.2.54 所示的审核分析报告。在界面下方可点击"增减分析数据"或"审核数据",进一步查看结算数据。

6.2.4 导出分析报告微课视频

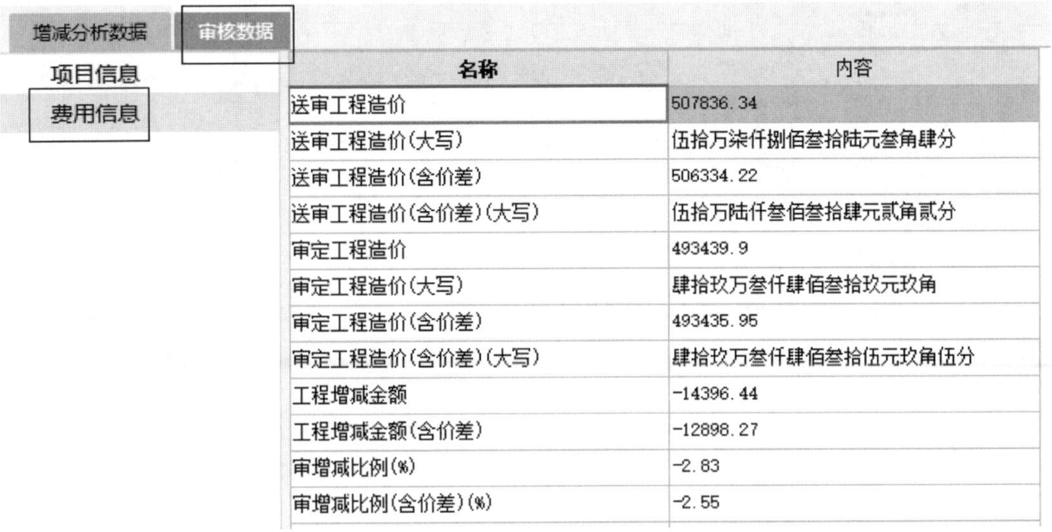

名称	内容
送审工程造价	507836.34
送审工程造价(大写)	伍拾万柒仟捌佰叁拾陆元叁角肆分
送审工程造价(含价差)	506334.22
送审工程造价(含价差)(大写)	伍拾万陆仟叁佰叁拾肆元贰角贰分
审定工程造价	493439.9
审定工程造价(大写)	肆拾玖万叁仟肆佰叁拾玖元玖角
审定工程造价(含价差)	493435.95
审定工程造价(含价差)(大写)	肆拾玖万叁仟肆佰叁拾伍元玖角伍分
工程增减金额	-14396.44
工程增减金额(含价差)	-12898.27
审增减比例(%)	-2.83
审增减比例(含价差)(%)	-2.55

图 6.2.54

点击"生成 WORD",可导出报告,如图 6.2.55 所示。点击"分析图表",可查看并导出审定结算的图表情况,如图 6.2.56 所示。

图 6.2.55

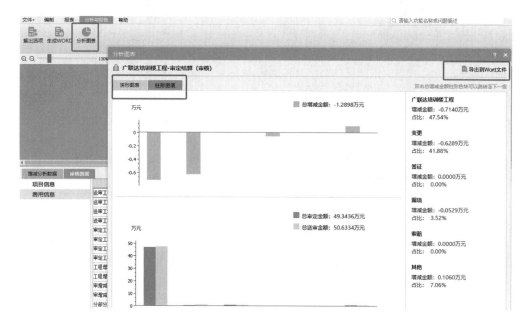

图 6.2.56

通过对广联达培训楼工程项目总承包工程结算资料的细致审查,结算审核结果如下(图 6.2.57 为 GCCP6.0 导出的饼状分析图):

送审金额:¥506 334.22 元(大写:人民币伍拾万陆仟叁佰叁拾肆元贰角贰分)。

审定金额:¥493 435.95 元(大写:人民币肆拾玖万叁仟肆佰叁拾伍元玖角伍分)。

审减金额:¥12 898.27 元(大写:人民币壹万贰仟捌佰玖拾捌元贰角柒分)。

审减比例:-2.55%。

通过本次结算审核,我们成功核减了不合理的费用,确保了工程项目结算的准确性。

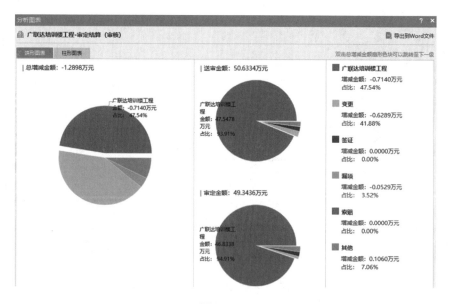

图 6.2.57

6.2.5 审定转结算文件

审核结束后,部分项目需要将审定的结算文件存档或发给二审/复审方。此时,可以点击"文件",选择"审定转结算文件",将审核后的文档转为结算文件,如图 6.2.58 所示。

6.2.5 审定转结算文件
微课视频

图 6.2.58

参考文献

[1] 中华人民共和国住房和城乡建设部. 建设工程工程量清单计价规范:GB 50500—2013[S]. 北京:中国计划出版社,2013.

[2] 中华人民共和国住房和城乡建设部. 房屋建筑与装饰工程工程量计算规范:GB 50854—2013[S]. 北京:中国计划出版社,2013.

[3] 规范编制组. 2013建设工程计价计量规范辅导[M]. 北京:中国计划出版社,2013.

[4] 广东省住房和城乡建设厅. 广东省建筑与装饰工程综合定额[M]. 北京:中国计划出版社,2010.

[5] 广东省住房和城乡建设厅. 广东省建设工程计价通则[M]. 北京:中国计划出版社,2010.

[6] 严晓东,尹珺,孟春. 建设工程定额与清单计价[M]. 2版. 北京:中国水利水电出版社,2021.

[7] 赵庆华,余璠璟,茅剑,等. 工程造价审核与鉴定[M]. 南京:东南大学出版社,2019.

[8] 任小玲,周逸铖,陈伟刚,等. 基于BIM5D技术的医院工程造价全过程精细化管理[J]. 建筑经济,2022(S1):204-208.

[9] 常晓青. 高职工程造价人才培养的路径创新:基于全过程工程咨询服务模式的视角[J]. 中国职业技术教育,2022(16):87-91.

[10] 万家织. 建设工程全过程造价咨询服务探讨[J]. 建筑经济,2020(S1):97-99.

[11] 陈汪全. 工程项目全过程造价确定与控制方法研究[D]. 天津:南开大学,2005.

[12] 胡团结. 工程项目竣工结算审计的研究与探讨[D]. 上海:同济大学,2007.

[13] 卢丽群. 工程竣工结算的一般程序及方法[J]. 城市建设理论研究(电子版),2012(15):1-5.

[14] 张健. 浅谈市政工程结算的审核[J]. 城市建设理论研究(电子版),2016(4):1204.

[15] 徐元华. 浅谈造价工程师对工程进度款的控制工作[J]. 城市建设理论研究(电子版),2013(23):1-4.

[16] 朱华旭. 现阶段建筑工程造价管理存在的问题与对策[J]. 财经问题研究,2016(S2):148-152.